JN312102

基礎化学実験
安全オリエンテーション
DVD付

山口和也・山本 仁 著

東京化学同人

は じ め に

　高校や大学の授業で行われる"基礎化学実験"は，これまで勉強したことを実際に体験することができるもので，とても楽しい時間です．"本物"の体験を通じて，科学（化学）を身近なものとして感じ，学ぶことができます．しかし，一方で，決まったルールを守らないと思わぬ事故が起こり，けがをしたり，やけどを負ったりする危険もあります．実験中に起こる事故には，実験器具の点検ミスによる破裂事故，知識不足による薬品の予期せぬ反応，不注意による薬品の発火事故等々があります．化学実験の事故には，不可抗力といえるものはほとんどなく，"不注意と知識不足"によるものがほとんどです．

　本書は，高校生，大学1, 2年生および基礎化学実験を指導される方々を対象としており，初めて化学実験を行うときに必要な基礎知識と注意すべき点について，わかりやすくまとめました．本書は12章からなり，1～3章は実験をするときの服装や心構え，4～9章は実験器具の取り扱い方法，10章は化学薬品の取り扱い方法，11章はあとかたづけ，そして，12章は事故が起こったときの対処方法について説明しました．各章では重要なポイントをあげて解説し，さらに簡単な確認問題を解くことで，理解度の確認もできます．また，各章の内容と一致したDVD"安全な化学実験のために"（約32分）を添付しました．このDVDは大阪大学の理科系1年生または2年生が履修する化学実験のオリエンテーションのために大阪大学の教員と大学院生が独自に作成したもので，基礎化学実験の安全教育上必要なことを網羅しています．さまざまな事故や実験操作の実際の映像を視聴することによって，理解を深めることができます．なお，このDVDは，各章ごとに視聴することもできるようになっており，必要なところだけを何度も繰返して見ることもできます．

　巻末には，付録として基礎化学実験で一般的によく使用される化学試薬の性質と取り扱いの注意事項をまとめていますので，はじめて化学実験を行う

前に化学試薬の危険性を確認することができます．

　本書を多くの方々に利用していただき，化学実験の安全への意識が高まることを願っております．たとえば，高校や大学1年時の化学実験でのオリエンテーションおよび高等専門学校や大学学部の研究室配属時の安全教育講習会では，添付のDVDを視聴したあとに章末問題を解くことによって安全事項を確認する方法をお薦めします．また，小中学校や高校の先生が理科実験を指導する際の安全の心得を習得する安全講習会のテキストとして本書を利用していただくこともできます．さらに，本書と添付DVDは，一般企業での安全研修でも使っていただける内容となっております．また，化学関係の安全性について独習したいという方にも，本書は適していると思います．

　化学の世界を体験できる素晴らしい機会である実験の"笑顔"を悲しい事故で壊すことがないよう願ってやみません．

　最後になりましたが，本書の刊行にあたり，東京化学同人編集部の高林ふじ子さんにお世話になりました．また，添付の安全教育DVDの制作にあたり，教映社の福井雅也氏と山本紀夫氏のご協力を賜りました．ここに感謝の意を表します．

　2007年10月

待兼山にて
山口和也・山本　仁

実験指導者の方々へ

　本書では，化学実験を初めて行う人のために，化学実験で遭遇する危険な事例とその対処方法および化学実験における安全への心構えを詳細に解説しました．自然現象を直接体験できる化学実験を楽しいと感じることができるためには，その実験が安全に実施されることが重要だと私たちは考えています．化学実験の初心者を指導される先生方も，同様のお気持ちだと思います．指導者の方々にも，本書を化学実験の安全教育にご活用いただければ望外の喜びです．関連性のある章のDVDを上映し，さらに章末の問題で理解度を確認するという指導方法が効果的であると私たちは考えております．

　また，化学実験の安全指導に関して，より深く知っておきたいという指導者の方々には，既刊の"学生のための化学実験安全ガイド"と"大学人のための安全衛生管理ガイド"（ともに東京化学同人刊）をお薦めします．前者は，多くの化学試薬の安全性に関する専門的なデータや実験室に見られる実験装置や器具類の安全な使用方法を詳しく解説しています．後者は，大学等の機関における安全管理，健康管理，実験室管理に必要な事項を法令や規則に準じて解説しています．化学教育を専門とされる指導者や研究室（研究所）で安全責任者の方々には，これら2冊の安全ガイドが役立つと信じております．

添付の DVD "安全な化学実験のために" について

　添付の DVD は，大阪大学の化学実験（理科系 1, 2 年生）の安全教育のために，2006 年に大阪大学安全衛生管理部と大学院理学研究科が協力して作成したものです．化学実験受講生は，実験オリエンテーションのときに本 DVD を視聴し化学実験を安全に行うために必要となる注意事項を学んでから実験を始めるように義務づけられています．この DVD の内容は本書と完全に一致しており，本書の内容を映像で説明しているものとなっています．

"安全な化学実験のために"（2006 年，32 分）

企画・製作：　大阪大学 安全衛生管理部・大学院理学研究科
　　制　作：　株式会社 教映社
　　監　修：　大阪大学大学院理学研究科・工学研究科 教員
　　　　　　　上田貴洋（博物館・理学研究科），大石 徹（理学研究科），
　　　　　　　岡村高明（理学研究科），鈴木孝義（理学研究科），
　　　　　　　中野元裕（工学研究科），文珠四郎 秀昭（理学研究科），
　　　　　　　山口和也（理学研究科），山本 仁（安全衛生管理部・理学研究科）
　　出　演：　大阪大学大学院理学研究科化学専攻 大学院生
　　　　　　　礒田奈央子，岡田とも子，北山智久，谷 あかね，平津高充，
　　　　　　　右田雄作
　　撮影協力：　大阪大学大学教育実践センター 化学実験準備室
　　　　　　　中川真澄，吉村葉子，堀江章子

　本書添付の DVD を講義で上映する場合は，受講者一人一人の本書購入を前提としています．

目　　次

1. 実験を始める前に ……………………………………………… 1
2. 安全な服装 ………………………………………………………… 4
3. 実験室での行動 ………………………………………………… 10
4. 実験器具の安全な取り扱い ………………………………… 14
5. ガラス器具の取り扱い ……………………………………… 18
6. ガラス管の取り扱い ………………………………………… 22
7. 温度計の取り扱い …………………………………………… 26
8. ピペットの取り扱い ………………………………………… 28
9. 遠心分離器の取り扱い ……………………………………… 30
10. 薬品の安全な取り扱い ……………………………………… 33
11. 実験が終わったら …………………………………………… 39
12. 緊急用器具 …………………………………………………… 42

確認問題の解答と解説 …………………………………………… 51

付録　基礎化学実験でよく用いられる薬品の性質と危険性 ……… 69
実験室の"笑顔"を壊さないために ……………………………… 82

索　　引 …………………………………………………………… 85

1 実験を始める前に

> 実験を始める前に,"安全のためのチェックリスト"などで,考えられる危険を予測して十分な安全対策をとるようにしましょう.

・化学実験では,化合物の合成,化学反応,構造や物性の評価のために,危険性の高い試薬や実験装置を数多く使用します.そのため,さまざまな種類の危険が存在し,実験を安全に行うためには"安全ガイドブック"が必要です.安全ガイドブックは,実験を行う前に目を通しておき,どのような危険があるかを知っておくための冊子です.また,事故が起こったときの応急処置の方法も記載されていることが重要です.安全ガイドブックは,実験室内に常備して,いつも読むことができるようにするとよいでしょう.または,実験者の一人一人が実験中に携帯していれば,より望ましいです.

・"安全のためのチェックリスト"(次ページに例)は,安全ガイドブックを要約したもので,実験を始める前に安全の注意事項(服装・行動・操作・緊急時の対処)を理解し守っていることを確認するためのリストです.

化学実験　安全のためのチェックリスト

日付（　年　月　日）学部学科（　　　）番号（　　　）名前（　　　）

服　装

- ☐ 靴はスニーカーなどの動きやすいものであること
- ☐ 長い髪は束ねていること
- ☐ 白衣を着ていること
- ☐ コンタクトレンズをはずしていること
- ☐ 保護メガネ（またはゴーグル）を着用していること

実験室内の行動

- ☐ 食べ物・飲み物を持ち込まないこと
- ☐ 実験室内で化粧（リップクリームなどを含む）をしないこと
- ☐ 携帯電話は電源を切り，かばんに入れておくこと
- ☐ かばんは，所定の場所（実験台の下や棚など）に入れ，決して，実験台の上や床の上に放置しないこと
- ☐ 実験室内では，いたずら・ふざけた行動は事故につながるので，決してしないこと

実験操作

- ☐ バーナーの使い方を理解していること
- ☐ 使用するガラス器具に傷・汚れがないか確かめてから使うこと
- ☐ ガラス器具の扱いを理解していること
　　（間違うとやけどやけがの事故が起こる）
- ☐ 温度計の扱いを理解していること
- ☐ 遠心機の使い方を理解していること
- ☐ 使用する化学試薬の性質を理解していること
　　（場合によっては重篤な事故になる）
- ☐ ドラフトの使い方を理解していること

緊急時の対処

- ☐ 事故が起こったとき，どうすればよいか，理解していること
- ☐ 緊急マニュアルを読んでいること
- ☐ 消火器，洗眼器，緊急シャワーの場所を知っていること

1. 実験を始める前に

実験を始める前は，いつも"安全のためのチェックリスト"を使って，使用する薬品やその反応について予備知識があること，装置や器具について理解していることなどを確認するようにしてください．

☐ 安全チェックリストで確認する

・実験内容を予習して予備知識を得ることで，どのような危険があるかを予測することができ，安全対策を行うことができるようになります．

確認問題（以下の文章が正しければ ○，間違っていれば × をつけよ．）

1・1 化学実験は，何が起こるかがわからないのが楽しいので，予習しないほうがよい． ☐

1・2 どんな準備をしても，事故は起こるときは起こってしまうので，仕方ない． ☐

1・3 基礎実験は，事故が起こらないように工夫されているので，実験書と多少違うことをしても大丈夫だ． ☐

1・4 安全のためのチェックリストを読んで，わからないときは，実験指導者に尋ねた方がよい． ☐

2 安全な服装

実験を安全に行うためには，それに適した服を着用しましょう．薬品や炎から実験者自身を守るために，白衣（もしくは作業着）を必ず着用しましょう．

- 化学実験を行うときに，白衣や作業着などの特別の服装をするのは，二つの理由があります．一つは，実験者自身を守るためであり，もう一つは，実験室内で衣服に付着した薬品を実験室外に出さないためです．実験室外に出た薬品によって，不用意に人体や環境が汚染されないように，実験室内では特別な服を着用することが必要です．
- 白衣の素材は，燃えにくい木綿か，耐燃性素材のものが望ましいです．化学実験用の白衣は，袖口がゴムなどで絞ってあります．これは，開いた袖口で，試薬ビンなどをひっかけて，倒したりする事故が起こらないようにするためのものです．白衣を購入するときは，化学実験用かどうかを確認してから購入してください．
- 実験用白衣を洗濯するときは，一般の衣服とは分けて洗うほうが，白衣に付着した化学試薬による他の衣服への汚染を防ぐことができるため，安全

です．
・企業の研究所などでは，指定された作業着の着用が義務になっている場合が一般的です．これには，製品を清潔に保つという意味も含まれています．たとえば，粉塵を嫌う実験の場合，防塵性の作業着を着用する必要があります．

> 白衣の下に着る服は，半袖シャツ，半ズボン，ミニスカートは避けるようにしましょう．

・白衣着用の第一の目的は，実験者が直接，化学試薬に触れないようにするためです．したがって，半ズボンのような素肌が露出しやすい服装の場合，白衣の効果が半減し，薬品が肌に直接触れて，薬傷を負う恐れがあります．
・同じ理由で，腕まくりや胸元を開けたりすると，薬品に直接触れてしまう可能性が出てきますので，大変危険です．

> 実験室での履物は，スニーカーなどのすべりにくく，転びにくいものにしましょう．

・実験室の床には，ガラスの破片が落ちていたり，危険な試薬がこぼれたままになっていることがあります．また床が水でぬれていて滑りやすくなってしまっていることもあります．もしも，サンダルなどの露出の高い履物で実験を行っていると，床のガラスや危険な試薬を踏んでしまう危険があります．また，素足の上に，直接試薬をこぼしてしまう可能性も高くなってしまいます．
・ヒールの高い靴や滑りやすい革靴を履いて実験を行っていると，特に転びやすく，けがや薬傷を負う恐れがでてきますので，絶対に避けてください．

2. 安全な服装

こんな事故がありました！

- 合成実験中に，実験台の奥の器具を取ろうとして，誤って濃硫酸の入った三角フラスコを袖にひっかけて倒した．サンダル履きだったために，こぼれた濃硫酸が足の甲に直接かかりやけどをした．
- 合成した化合物を秤量するためフラスコを持って移動中に，拭き掃除でぬれた床ですべって転倒した．このとき破損したフラスコで指を切った．ヒールの高い靴を履いていたため，滑ったときに体を支えきれなかった．

・露出性の低い滑りにくい履物としてスニーカーを履いている場合でも，かかとを踏んだまま履いたり，ひもがほどけたままだと転倒の恐れがあり危険です．

長い髪は，必ず束ねましょう．

・長い髪は，実験台の上にたれ落ちて，置いてある薬品が付着してしまったり，バーナーの火が燃え移る恐れがあり危険です．長い髪の人は，実験のあいだは必ずヘアゴムなどで束ねなければなりません．

保護メガネを着用するようにしましょう．

・目は，最も傷つきやすい重要な器官です．溶剤や薬品が飛び込まないように，しっかり保護する必要があります．

2. 安全な服装

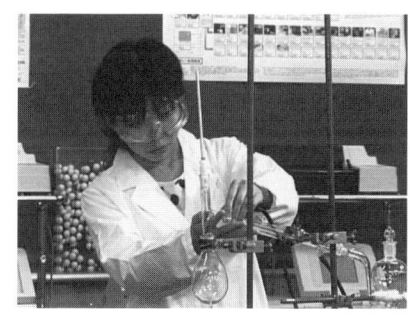

- 目を保護するには，保護メガネが最適です．メガネタイプとゴーグルタイプがありますが，化学実験ではゴーグルタイプのほうが望ましいです．
- 実験室では，他の人が起こした事故で飛んできた薬品が自分にかかってしまうということもあります．したがって，実験室にいるあいだは，たとえ自分では実験をしていないときでも，常に保護メガネを着用するようにしなければいけません．
- 爆発などの危険性がある操作をする場合は，顔全体を守る保護マスクを使用する必要があります．

> コンタクトレンズは，実験室では使用しないでください．

- コンタクトレンズを使用している状態で，薬品が目に入ってしまうと，コンタクトレンズの取り出しに手間取り，目の洗浄が遅れ，大変危険な状態になってしまいます．
- もしも事故が起きたとき，コンタクトレンズが目にはりついたままになり取り出すことができなくなると，視力障害または失明という後遺症が残る危険性が高くなります．
- 予備のメガネを持っている人は，実験中は，コンタクトレンズをやめてメガネにするとよいでしょう．その場合もメガネの上から保護メガネをすることを忘れないようにしてください．

・コンタクトレンズの取り外しは，実験室外で行ってください．レンズの交換時に，レンズが実験室内に残っていた試薬に汚染されることを防ぐためです．

=== こんな事故がありました！ ===

- 実験室で机に座っていたときに，席の前の人が置いていた試料ビンが突然破裂し，試料ビン中の薬液が目に入った．被災者は作業をしていなかったので保護メガネは着用していなかった．
- 合成実験中，跳ねた有機溶媒がひたいにかかり，ひたいから垂れてきた溶媒が目に入った．視力矯正用のメガネは着用していたが，保護メガネは着用していなかった．

確認問題 (以下の文章が正しければ ○，間違っていれば × をつけよ．)

2・1 実験をするときは，普段，着慣れた服装のほうが動きやすいので，望ましい． ☐

2・2 白衣の素材は木綿よりも合成繊維のほうが，丈夫で汚れにくいのでよい． ☐

2・3 手元が汚れる操作をするときは，腕まくりをしたほうが実験しやすくなる． ☐

2・4 床にガラスの破片が落ちていることがあるので，底がしっかりしている靴を履いた方がよい． ☐

2・5 実験室の気温が高いときは，サンダルを履いたり半袖のシャツを着たりして，汗をかかないように工夫するほうがよい． ☐

2・6 髪が長いと，気がつかないうちに，髪に薬品が付いてしまうことがあり，危険である． ☐

2・7 コンタクトレンズをしていれば，レンズで目を保護してくれるので，安心である． ☐

2・8 通常のメガネをかけていれば，保護メガネを着用する必要はない． ☐

2. 安全な服装

2・9 　保護メガネは，長時間かけていると，曇りやすいので，実験途中であっても，時々はずしたほうがよい． ☐

2・10 　ゴーグルタイプの保護メガネは，バンドの長さを調整して，装着しやすくしたほうがよい． ☐

2・11 　目よりも口から薬品が入ると危険であるので，実験中は，必ず，マスクを着用したほうがよい． ☐

2・12 　コンタクトレンズを着用したまま実験をしていると，事故が起こったとき，失明する恐れがある． ☐

3 実験室での行動

> 実験室では同時に何人もの人が実験をしています．お互いの安全に気を配るようにしましょう．

・基本的に，一人だけで実験を行ってはいけません．もしも，爆発や火災などの事故が起こったとき，一人だけでは対処できないことが多いためです．

・通常，同じ実験室内で複数の人が実験を行います．そのため，実験に集中せずにふざけていると，予期せぬ事故が起こり，その結果，他の人を巻き込んでしまうこともあります．実験室内では，実験に集中しながらも，お互いの安全を確保するように気を配ることが大切です．

・実験室では，常に冷静で真面目に実験に取り組む必要があります．あわてたり，騒いだりすると，他の人の実験の邪魔をすることになり，間接的に事故をひき起こす原因になります．

・実験室では，緊張感をもって，常に安全に対する配慮を心がけることが重要です．

3. 実験室での行動

> 持ち物は，決められた場所に置きましょう．

・実験と直接関係のない物品を実験室内に持ち込んではいけません．かばんなどを持ち込む場合でも，持ち物を床や通路に置いたままにすると，他の人がつまずいて，転倒を誘発する原因になります．また，実験台の上に，実験に関係ない物を置くと，実験台の作業スペースが狭くなり，不用意な事故が起こる原因になります．実験室に持ち込んだ持ち物は，実験の邪魔にならない所定の場所（ロッカーや実験室の隅の棚など）に置かなければなりません．

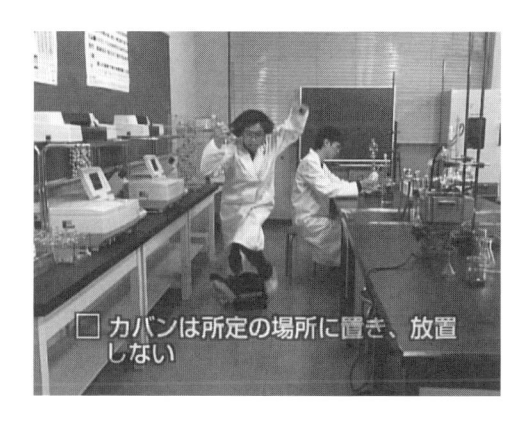

□ カバンは所定の場所に置き、放置しない

> 携帯電話は，実験中は電源を切って，かばんの中に入れておきましょう．

・実験中に，電話がかかってきたり，メールに気をとられたりすると，実験に集中できなくなり，思わぬ事故につながります．
・自分が実験操作をしていないときでも，実験室にいるあいだは，携帯電話は電源を切り，かばんに入れておくなどして，気が散らないようにしてください．

3. 実験室での行動

- 実験台の上に携帯電話を置いたままにすると，薬品などがかかることによって壊れることがあります．たとえば，有機溶剤は，容易に電話の表面や中の基板のプラスチックを溶かしてしまいます．また，有毒な薬品が付着したままで通話することは大変危険です．

化粧は，必ず実験室以外で行ってください．

- 実験室内で化粧品を使うと，こぼれた薬品や化学物質の蒸気などで，化粧品が汚染されて変質してしまうことがあります．そのまま，汚染された化粧品を使うことは，大変危険です．
- リップクリームのようなものでも，体につけるものはすべて，化粧品と同様に実験室内では使用してはいけません．

実験室に飲み物や食べ物を持ち込まないようにしましょう．

- 実験室に，飲食物を持ち込むと，こぼれた薬品や化学物質の蒸気などで，飲食物が汚染されます．汚染された飲食物を口にすると，体の中に有害物質を取り込むことになり，意識不明や死亡などの取り返しのつかない事故につながります．
- 実験室内では，絶対に飲食禁止です．実験室以外で飲食し，残った飲食物は，実験室内に絶対に持ち込んではいけません．

確認問題 (以下の文章が正しければ ○，間違っていれば × をつけよ.)

3・1　実験中は自分の実験に集中することが大切なので，周りの状況に気を配らないようにすることが大事だ． ☐

3・2　実験を楽しくできるように，友達と競争したり，他の人とは違うことをしたりして，工夫するほうがよい． ☐

3. 実験室での行動

3・3 実験室は，事故が起こらないための設備が整っているので，どんなことをしても安全である． ☐

3・4 時計などの便利な機能があるので，携帯電話は実験台の上に常に置いておくほうがよい． ☐

3・5 実験のあいだ，携帯電話はマナーモードにして，他の人の邪魔にならないように気をつけるほうがよい． ☐

3・6 直接実験と関係ないものであっても，役立つかもしれないものは，実験台の上に置いておく方がよい． ☐

3・7 化粧は実験室でしないほうがいいが，リップクリーム程度であれば，化粧ではないので問題ない． ☐

3・8 かばんは，足下に置いておくとつまずいて，手に持っている薬品をこぼすかもしれないので，所定の場所に置くようにする． ☐

3・9 実験は体力が必要なので，疲れたときのために，ポケットにチョコレートなどの軽い食べ物を入れておくとよい． ☐

3・10 缶ジュースは薬品が入る恐れがあるので，飲み物を実験室に持ち込むときは，ペットボトルのようなふたができるものにしたほうがよい． ☐

4 実験器具の安全な取り扱い

> ガスバーナーを使うときは，決められた手順で行えば安全です．

- ガスバーナーは，最も基本的な加熱のための熱源です．ガスバーナーには，いくつか種類がありますが，基本的な構造は同じです．都市ガス（またはプロパンガス）と空気（または酸素ガス）を適当な割合で混合して燃焼させます．
- フィンケナーバーナーでは，二つの回転部分があります．上は空気の量を，下は都市ガス（燃焼ガス）の流量を調整します．

4. 実験器具の安全な取り扱い　　　　　　　　15

・ガスバーナーは，決められた手順で使用すれば安全です．

❶ まず最初にガスホースのひび割れがないか調べましょう．もしも，ひび割れがあれば，新しいガスホースと取り替えます．

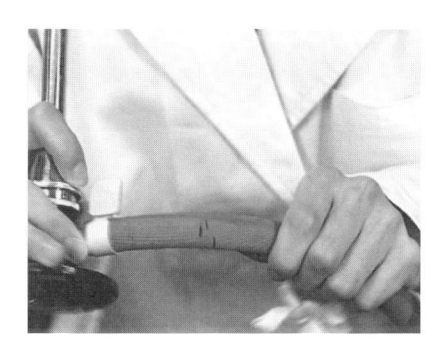

❷ ガスホースをガス栓とバーナーに，きっちり差し込みます．ホース止めのピンチコックで，しっかりと締め付けます．

❸ 点火するときは，まずガス栓のコックを開けます．つぎにバーナーの下の回転バルブ（燃焼ガス用）を開けます．そして，点火用ライターで点火します．

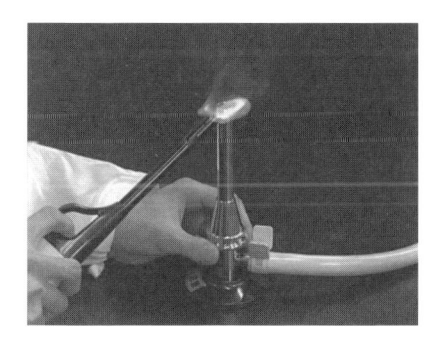

❹ バーナーの上の回転バルブ（空気用）を，ゆっくりと開けて，混合空気の量を調整し，炎が完全燃焼になるようにします．

4. 実験器具の安全な取り扱い

❺ 炎全体が黄色または赤いときは，空気の量が少ない状態です．逆に，空気を入れすぎると，炎がとんだり，消えたりします．ちょうどよい状態は青色の炎（中心は黄色）になります．炎の先端が一番温度の高い部分です．
❻ もしも，炎がとんだり，メラメラと燃えていたりするときは，爆発の恐れがありますので，すぐに，ガス栓を閉じてください．
❼ 適当な炎の大きさに調節したら，バーナーを加熱するものの下に置きます．
❽ 使用が終わったときは，二つの回転バルブを閉じて，消火し，ガス栓を閉じて，終了します．

穏やかに加熱する必要があるときは，ウォーターバス（湯浴）を使いましょう．

・試験管に入れた液体を加熱するときは，直接バーナーで加熱すると，液体が突沸して，吹きこぼれることがありますので，注意が必要です．1 箇所のみを温めることなく，よく振り混ぜながら，均一に加熱することが大事です．液体が噴き出すことを想定して，試験管の口は絶対に人に向けないということを守らなければいけません．
・ウォーターバス（湯浴）を使って間接的に加熱すると，試験管に熱がゆっくりと均一に伝わるので，突然，沸騰することがなく，安全です．

確認問題（以下の文章が正しければ ○，間違っていれば × をつけよ．)

4・1　ガスバーナーを使うときは，ガスホースにつなぐ前に，回転バルブが回ることを確認しておいたほうがよい．　　□

4・2　ガスバーナーを点火するときは，回転バルブを全開にしてから点火する．　　□

4. 実験器具の安全な取り扱い

4・3　炎が青白色っぽいときは，火が弱いので，回転バルブを回して，赤色の炎にする． ☐

4・4　なかなか点火しないときは，空気が足らないので，空気用の回転バルブを全開にしたほうがよい． ☐

4・5　試験管などの口の狭い容器に入った液体を加熱するときは，ガスバーナーではなく，ウォーターバスを使って，ゆっくりと加熱する． ☐

4・6　試験管を加熱するときは，試験管の口を他の人ではなく自分のほうに向けておけば安全である． ☐

5 ガラス器具の取り扱い

> ガラス器具は，キズに注意しましょう．

- 化学実験中の負傷事故の約7割がガラスによるものです．
- ガラス器具は，透明で内部を観察しやすく薬品にも侵されにくいために，化学実験ではよく使われます．しかし，割れやすいので，注意して取り扱う必要があります．
- 一見してわからないような小さなキズであっても，加熱したり机に軽くぶつけただけで割れてしまうことがあります．

5. ガラス器具の取り扱い

- 実験を始める前には，使用するガラス器具にヒビやキズがないか，よく確認しなければなりません．（明かりに透かしながら観察すると，小さなキズを見つけやすくなります．）
- 実験の途中でも，ガラス器具に異常を感じた場合は，直ちに使用を中止し，器具が破損していないかを確かめるようにしてください．
- 使用後のガラス器具を洗うときも，キズがないか確かめることが大事です．ガラス器具のふちが欠けていたりすると，手を切ってしまうことがあります．
- 破損したガラス器具は，修理または廃棄する必要があります．廃棄は，他のゴミと区別して所定の場所に捨てなければなりません．破損したガラス器具の表面に化学試薬が付着しているときは，洗浄してから廃棄する必要があります．ガラス器具の修理は，実験初心者には難しい場合が多いため，実験指導者が行うほうが望ましいです．

あらかじめ位置を決めてから，ガラス器具を固定しましょう．

- 蒸留装置や還流装置などの背が高く倒れやすい装置をガラス器具で組み上げるときは，注意が必要です．ガラス器具をクランプを使ってスタンドにしっかり固定しなければなりません．
- ガラス器具の接続部が多い装置を組み上げる場合は，あらかじめそれぞれのガラス器具の位置を決めておく必要があります．そうしないと，一部に力の負担がかかり，ひずみのために，ガラス器具が破損する原因になります．
- 位置を決めてから，クランプのネジを締めるようにすると，しっかりと固定することができます．固定がゆるいままで実験を始めてしまうと，実験が失敗するだけでなく，接続部から有毒な蒸気が吹き出したり，装置がはずれて倒れるなどの事故が起こるかもしれません．

5. ガラス器具の取り扱い

> ガラス細工をするときは，やけどに注意しましょう．

- ガラス細工をするときは，直接バーナーの火に当てるために，ガラスは非常に高温になります．高温のガラスを扱うときは，特に気を配らなければなりません．
- ガラスの見た目が赤熱していないからといって，温度が下がったと思ってはいけません．ガラスや金属は，見た目では温度がわからないために，高温のガラスを不用意にさわってしまうと，重篤なやけどを負ってしまいます．
- 高温のガラスは，置き場所に気をつけなければいけません．木板やノートなどの可燃性の物の上に置いてしまうと，火災の原因になります．ガラス細工のときは，ガラスは，耐熱性の陶器板などの不燃性の物の上に必ず置かなければなりません．

> 熱いガラス器具は，素手でさわらないようにしましょう．

- ガラス細工のときのガラス器具はもちろんのこと，高温乾燥器で乾燥されたガラス器具も思いのほか熱いです．熱いガラス器具を扱うときは，耐熱性の手袋を使うように心がける必要があります．

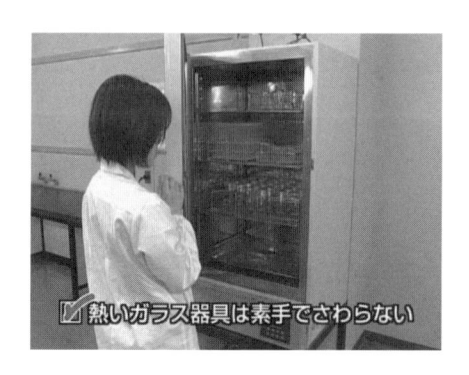

熱いガラス器具は素手でさわらない

5. ガラス器具の取り扱い

―――― こんな事故がありました！ ――――
- 実験終了後，ビーカーを洗浄しているとき，ビーカーの縁が欠けていることに気づかず指を切った．病院で2針縫合した．
- ガラス細工をしていて，熱したばかりの部位を持ち，指にやけどを負った．
- ガラス細工中，加工部に炎をあてるために手を動かしたとき，手が炎の上に入ってしまい，やけどをした．

確認問題（以下の文章が正しければ ○，間違っていれば × をつけよ．）

5・1 ガラス器具にキズがないか，実験の前と後で確認するようにする．

5・2 ガラス器具のキズを確認するときには，小さなキズを見つけるために，ガラス器具のふちなどを指でなぞるようにするとよい．

5・3 破損しているガラス器具は不要なので，ゴミ箱に捨てる．

5・4 蒸留装置などをガラス器具で組み上げるときは，それぞれのガラス器具をスタンドにしっかり固定した後，組み上げるようにする．

5・5 ガラス細工をするときは，ガラスの色を見て，温度を判断する．

5・6 器具乾燥器などに入っているガラス器具は，60℃程度なので，素手でさわっても大丈夫である．100℃以上の場合は，軍手などを使ったほうがよい．

5・7 ガラス細工をしたときの高温のガラスは，木板などの耐熱性の物の上に置く．

5・8 ガラス器具を組み合わせた装置を固定したクランプのネジが緩んでいないか，よく確認してから，装置を使用する．

6 ガラス管の取り扱い

> ガラス管をゴム栓に差し込むときは、けがをしやすいので、注意しましょう。

・ガラスによる負傷事故の中で、よく起こるのは、ガラス管をゴム栓に差し込むときのガラス管の破損です。ゴム栓の穴に無理にガラス管を差し込むと、力のひずみがかかりガラス管は折れてしまいます。破損したガラス管が手のひらに突き刺さったり、指の腱を切断したりするなどの重症の事故がよく起こります。

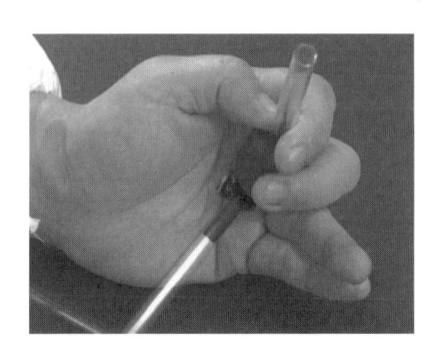

6. ガラス管の取り扱い

・まず初めに，差し込むガラス管の太さとゴム栓の穴の大きさが一致していることを確認しなければいけません．ガラス管をゴム栓に差し込むには，以下の方法で行えば，安全にできます．

❶ ガラス管を親指，人差し指，中指の3本の指で持つ．
❷ ガラス管とゴム栓を持つ手は，できるだけ近づける（手と手の間隔は2 cm 以下）ことが大切です．

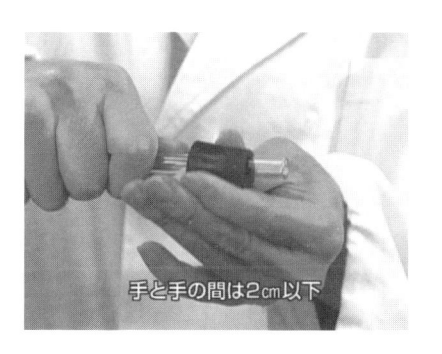

❸ ガラス管は，握りしめるのではなく，指で支えるようにし，ゆっくりと回転させながらゴム栓の穴に挿入するようにします．
❹ ガラス管が入りにくいときは，ゴム栓の穴とガラス管の先端を水やアルコールなどで湿らせます．水は，潤滑剤の役目をして，摩擦抵抗を減らし，ガラス管が挿入しやすくなります．

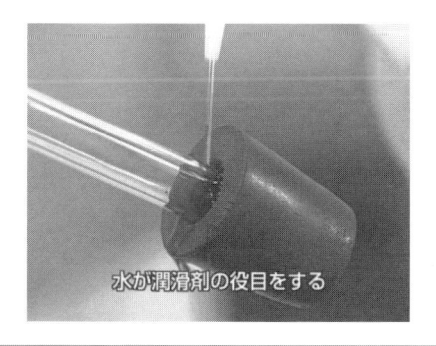

6. ガラス管の取り扱い

> ガラス管をゴム栓から抜き取るときにも，同様の事故が起こるので，注意しましょう．

- ガラス管を差し込むときと同様に，抜き取るときにも事故がよく起こります．差し込むときと同じように，できるだけ近い位置でガラス管とゴム栓を持ち，ゆっくりと回転させて，引き抜くようにすれば，安全です．抜けにくいときは，差し込むときと同じようにゴム栓とガラス管とのすき間に水をしみこませると，抜きやすくなります．
- もしも，ゴム栓が古くなっていたり変質したりして，ガラス管に固着し抜けないときや，ガラス管が割れていたり，短くて持てないときは，無理に引き抜こうとすると，大けがの原因になります．この場合は廃棄するようにしてください．

======== こんな事故がありました！ ========

- リービッヒ冷却管にゴム栓を取り付けようとしたときに，無理にゴム栓を入れようとして冷却管が破損し，手のひらを貫通する傷を負った．神経接合手術を受けた．
- ゴム栓が固着したガラス管からゴム栓を取り除こうとしたときにガラス管が破断し，指を切った．

確認問題（以下の文章が正しければ○，間違っていれば×をつけよ．）

6・1　ガラス管をゴム栓の穴に差し込むときは，できるだけ，手と手の間を離したほうが，大きな力をかけることができるので楽に差し込むことができる．　☐

6・2　ガラス管を水で濡らすと滑りやすくなって危ないので，できるだけ乾燥したガラス管を使う．　☐

6. ガラス管の取り扱い

6・3 ガラス管をゴム栓から抜き取るときは,できるだけ手と手の間を近づける. ☐

6・4 古くて硬くなったゴム栓は,木槌でよくたたくと軟らかくなるので,再利用できる. ☐

7 温度計の取り扱い

> 温度計は，破損しやすい器具ですので，取り扱いに注意しましょう．

・温度計の先端は，ガラスが大変薄くなっています．その部分をぶつけると，ガラスが割れ，中に入っているアルコールや水銀がこぼれてしまいます．また，ガラスの破片でけがをしてしまいます．
・液体の温度を測るときは，容器の底や壁には接触させないようにして，温度計の先端を液体中に浸します．

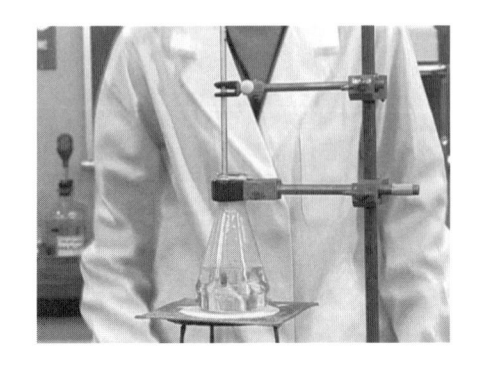

7. 温度計の取り扱い

- 液体をかき混ぜるために，温度計を使ってはいけません．容器の底や壁にあたって，破損します．
- 冷まそうとして，温度計をたたいたり振ったりしてはいけません．机の角などにあたると，破損してしまいます．
- 温度計は転がりやすいので，実験台の上に直接置いてはいけません．温度計の先についた液体が実験台についてしまったり，転がって，机の上から落ちて破損するかもしれません．温度計は，使い終わったら先端を洗浄し，すぐに収納容器に入れるようにしてください．

確認問題（以下の文章が正しければ ○，間違っていれば × をつけよ．）

7・1 容器内の液体の温度を測定するときは，温度計でよくかき混ぜて，均一な温度になるようにしてから，温度計の目盛りを読む． ☐

7・2 温度計の使用後は，温度計を冷ますために，よく振ってから収納容器に入れることが大事である． ☐

7・3 容器内の液体の温度を測定するときは，容器の壁や底に当たらないように，温度計を上からつるして使用する． ☐

8 ピペットの取り扱い

> ピペットの先端を液体薬品に入れて吸い上げるときは，口ではなく，ピペッターを使用しましょう．

・ピペットは，液体薬品を安全かつ正確に量りとる器具です．
・ピペットを使うときは，口をつけて吸い上げるのではなく，専用のピペッターを使うようにしてください．ピペッターを使うことで，唾液などで液体薬品が汚染されたり，不用意に薬品が口の中に入ったり，薬品の蒸気を吸い込むことを防ぐことが大事です．また，ピペッターを使うと計量線を目の高さで読み取ることができ，正確な計測ができます．

========== こんな事故がありました！ ==========

● アクリルアミドを含んでいる溶液をピペットで吸い取ろうとしていたとき，ピペッターだけを持ってしまったため，ピペットの先端が大きく振れて，溶液が跳ねた．保護メガネを着用していなかったので液滴が目に入った．

8. ピペットの取り扱い

・ピペットを取り扱うときは，必ず，ピペット本体を持つようにしてください．ピペッターだけを持ってしまうと，ピペットが抜け落ちて破損したり，ガラスや薬品が飛び散る危険性があります．

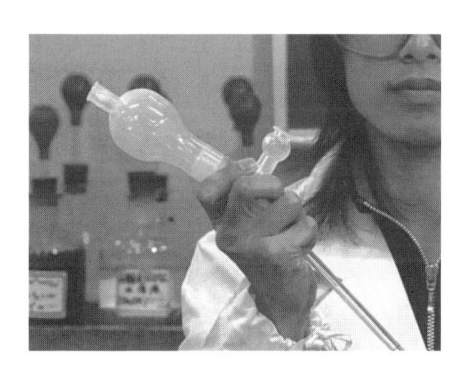

確認問題（以下の文章が正しければ ○，間違っていれば × をつけよ．）

8・1　ピペットを使うときは，液体を多めに，口で吸い上げて，ちょうどよい高さのところで，指で栓をして，液体の量を測りとるようにする．　☐

8・2　ピペット本体を触ると，温度が変わってしまうので，できるだけ，ピペッターを持つようにする．　☐

8・3　液体を吸い上げすぎると，ピペッターに液体が入り，汚れてしまうので，注意する．　☐

9 遠心分離器の取り扱い

> 遠心分離器は，バランスをとることが大事です．

・固体と液体が混じって分離しにくい混合物を，遠心力を利用して分離するための装置が遠心分離器です．たとえば，遠心分離器を使って，濁った溶液を上澄み液と沈殿にすみやかに分けることができます．遠心分離器は，化学だけでなく，生物学や放射線科学などでも，よく使われる装置です．

・遠心分離器を使うときは，遠心管の質量のバランスがとれていることが必要です．バランスがとれていないときは，装置が振動し，異常音が発生し

9. 遠心分離器の取り扱い

ます．振動や異常音がある場合は，直ちに回転を止めなければいけません．もしも異常があるまま回転を止めなければ，振動によって装置が台から落ちたり，中の遠心管が内壁に接触することによって破損し，ガラスの破片が飛び散るなどの大きな事故になってしまいます．

> 遠心分離器は，ローターが止まるまで，ふたを開けないようにする．

- 遠心分離器のスイッチが切れても，すぐにはローター（回転子）は止まりません．回転が自然に止まり，回転計がゼロになっていることを確認してから，ふたを開けてください．
- もしも，ローターの回転を手やタオルなどを使って無理やりに止めようとすると，回転しているローターに巻き込まれて指や手の骨折や切断などの事故が起こることになります．

━━━ こんな事故がありました！ ━━━

- 遠心分離器のローターの回転を手で止めようとして，ローターが回転中にふたを開けてしまい，白衣の袖口が高速回転中のローターに巻き込まれ，小指を骨折した．
- 遠心分離器のローターの回転を止めるために回転速度つまみをゼロにしようとした．しかし誤って，逆につまみを回したため，最高速度限界を超え，ローターが装置内壁と接触して全壊した．

確認問題（以下の文章が正しければ ○，間違っていれば × をつけよ．）

9・1 遠心分離器を使うときは，バランスを保つことが大事なので，バランサーで，遠心管のバランスをとるようにする．

9. 遠心分離器の取り扱い

9・2 低速で回転するときは，バランスがとれていなくても，大丈夫である． ☐

9・3 遠心分離器が振動したときは，手で装置を強く押さえて，振動を止めるようにする． ☐

9・4 遠心分離器から1分以上，異常音が続くときは，回転を止めるようにする． ☐

9・5 実験を迅速に行うようにするため，遠心分離器のスイッチが切れたときは，急いでふたを開けて，手やタオルなどで回転を止めるようにする． ☐

9・6 回転ローターの回転速度がゆっくりになってきたら，安全なので，手で回転を止めてもよい． ☐

10 薬品の安全な取り扱い

　化学薬品のほとんどは，有害です．たとえ微量であっても，直接からだに触れないように気をつけるなど，その取り扱いには十分注意する必要があります．よく使う化学薬品の取り扱い注意事項を，巻末に一覧表としてまとめましたので，実験を始める前には，よく読んでください．さらに詳しい薬品の性質や取り扱い・保管上の注意事項については，試薬メーカーから無料で配布されるMSDS（Material Safety Data Sheet）をご覧ください．各試薬メーカーのMSDSは，日本試薬協会のウェブサイト

　　　　　http://www.j-shiyaku.or.jp/home/msds/index.html

からダウンロードできます．

> 薬品を安全に取り扱うには，皮膚や目に薬品がつかないようにすることです．そのためには，決められた方法があります．

・薬品を安全に取り扱うための方法には，以下のものがあります．これらを守っていれば，薬品による事故を極力減らすことができます．

■薬品を適切に取り分けること　　　■薬品のラベルを確認すること
■薬品をこぼさないようにすること　■薬品は顔から離すこと
■薬品を汚さないこと
■有毒ガスが発生する場合は，ドラフト（局所排気装置）を使うこと

以下に，それぞれの項目について説明します．

適切な容器を使って，薬品を取り分けるようにしましょう．

・口の大きなタンクから口の小さな容器に液体薬品を注ぐと，こぼれてしまうことがあります．
・安全な方法は，まず口の大きなタンクから口の広い容器に移してから，口の狭い容器に移し替えるようにすることです．

薬品のラベルは，何度も確認しましょう．

・正しい薬品であることを，ラベルを見て確認してください．
・必ず確認する必要があるのは，"薬品の名前・濃度"と"取り扱い注意事項"の二点です．
・液体薬品を注ぐときは，ビンにはられているラベルのところを手で覆うように持ちます．こうすれば，ラベルは汚れません．

10. 薬品の安全な取り扱い　　　　35

・間違った薬品を混合したり，正しい薬品でも，手順を間違えて混合すると，爆発などの予期しない事故が起こります．

薬品は，絶対に，実験台の上にごぼさないようにしましょう．

・薬品を扱っているときに，こぼすことがありますが，器具の下に作業用トレーを置くと，実験台の上にこぼさなくて済みます．
・薬品ビンを持つときは，ふたの部分を持ってはいけません．ふたが，完全に閉まっていない場合，すべって薬品ビンが落下して，大変危険です．
・使用後は，薬品ビンのふたをしっかりと閉めて，元の保管場所に戻すことを忘れないようにしてください．

薬品を扱うときは，必ず，顔から離しましょう．

・薬品を確かめるために，口に入れたり，直接手で触ったり，また直接においをかいだりしてはいけません．ほとんどの薬品は，目，口，鼻の粘膜にふれると，粘膜の組織を破壊し大変危険です．
・薬品のにおいをかぐ必要があるときは，ビンを顔から離して持ち，鼻のほうに蒸気を漂わせるように，手であおいでください．こうすれば，薬品の強いにおいを直接かがなくても済みます．

> 薬品を汚さないように，きれいであることを確認した薬さじや容器を使いましょう．

> 薬品ビンから出した薬品は，残っても，元の薬品ビンには戻さないようにしましょう．

・薬品は，常に純度の高い状態で使うことが大事です．薬さじや容器が汚れていると，不純物が入ってしまって，正しい実験ができなくなります．
・一度，薬品ビンから，他の容器に移した薬品は，元の薬品ビンに戻してはいけません．このルールを守っていれば，薬品ビンの中の薬品は，常に純度が高い（不純物が入っていない）ことが保証されます．

> 有毒な揮発性物質は，必ず，ドラフトなどの局所排気装置内で扱うようにしましょう．

・ドラフト（局所排気装置）は，有毒ガスまたは有毒ガスを発生する薬品を扱うときに使用する装置です．ドラフトの前面には，ガラス扉（上下式のものが多い）があり，上部には，排気ファンとつながったダクト管があります．発生した有毒ガスは，ダクト管を通じて，排気ファンに吸い込まれ

ドラフトの扉を下げて使用する

10. 薬品の安全な取り扱い

るようになっています．そのため，実験者は，有毒ガスを吸い込むことがない構造になっています．しかし，使用方法を誤ると，有毒ガスを吸い込んでしまう恐れがあります．

・有毒ガスまたは有毒ガスを発生する薬品は，ドラフトの外には，絶対に出さないようにしてください．
・ドラフト内には，手だけを入れるようにします．ガラス扉を，できるだけ閉めて，ガラス越しに手元を見て，実験を行います．
・ガラス扉を開放しないようにしてください．
・頭や顔を，ドラフト内に入れないようにしてください．

========= こんな事故がありました！ =========

● 硫酸の濃度を確認せず，誤って濃硫酸を濡れている三角フラスコに注いでしまった．急激な希釈のため発熱反応が起こり，熱さのためフラスコを落としてしまった．足元でガラス容器が割れ，濃硫酸が飛び散った．
● 水酸化ナトリウムの粒を，実験台の上にこぼしたが，そのまま放置してしまった．潮解性のため水分を吸って，水酸化ナトリウムは溶解した．別の実験者の腕に触れてしまったが，水滴と思い込み，洗ったり拭き取ったりしなかったところ，しばらくして急に痛みだし，皮膚がひどくただれてしまった．
● ジメチルホルムアルデヒドをピペットで分注する際に，ドラフトを用いず，実験台上で行ったため，ジメチルホルムアルデヒドの蒸気を吸引し，気分が悪くなった．救急車で病院搬送後，経過観察のため1日入院した．

確認問題（以下の文章が正しければ ○，間違っていれば × をつけよ．）

10・1　薬品ビンにラベルがはってあることを確認してから，薬品を使用しなければならない．　　□

10・2　粉末の薬品は，色と形状をよく確認してから使用するようにすれば，安全である．　　□

10. 薬品の安全な取り扱い

10・3 　薬品は混ざってしまえば同じなので，薬品を混合する順番は特に気をつける必要はない． ☐

10・4 　薬品をこぼしてしまうときのために，作業用トレーを容器の下に置いておくと安心だ． ☐

10・5 　薬品ビンには，こぼれた薬品が付着している恐れがあるので，なるべく触らないように，薬品ビンのふたを持つようにするとよい． ☐

10・6 　薬品ビンのふたを固く締めすぎてしまうと，つぎに使う人が困るので，ゆるく締めておいたほうがよい． ☐

10・7 　薬品のにおいは，わかりにくいことが多いので，薬品ビンの口に鼻を近づけて，よくかぐ必要がある． ☐

10・8 　実験台の上にこぼれてしまった粉末の薬品は，実験台を汚さないために，すぐに手で払って，捨てなければいけない． ☐

10・9 　一度，小分けした薬品は，汚れてしまっている可能性があるので，元の薬品ビンに戻さず，廃棄しなければいけない． ☐

10・10 　最終的に混ぜる薬品は，同じ容器に測りとったほうが，他の容器を汚さなくてよいので，効率的である． ☐

10・11 　同じ薬品をとるためだったら，一度使った薬さじを使っても，問題ない． ☐

10・12 　なるべく，汚れた容器が増えないように，大きなタンクから直接メスシリンダーに液体薬品を測りとるようにする． ☐

10・13 　有毒ガスを発生する実験操作をするときは，ダクト管から新鮮な空気を取り込む装置であるドラフトを使うようにすれば，安全である． ☐

10・14 　有毒ガスが発生する実験をするときは，慎重に操作する必要があるため，手元がよく見えるように，顔の前で行う． ☐

10・15 　ドラフト内では，有毒ガスが発生している恐れがあるので，使わないときは，扉を閉めておいたほうがよい． ☐

10・16 　薬品ビンのラベルが，薬品で腐食しないように，ラベルの上に手を置いて，薬品ビンを持つほうがよい． ☐

11 実験が終わったら

実験後のかたづけも，気をつけましょう．

・使用した廃薬品は，適切な処理をしなければいけません．実験廃液は，あらかじめ決められた場所に捨てるようにしてください．不用意に実験廃液を直接下水に流してしまうと，環境を破壊してしまうだけでなく，学校（または会社）が業務停止処分を受けることになるかもしれません．
・かたづけは，原状回復が原則です．使用した器具は，元あった場所に戻すことで，紛失や破損の有無を確認することができます．

実験台の上は，きれいにふきましょう．

・気がつかないうちに，こぼれてしまった薬品が実験台の上にあるかもしれません．そのままにしておくと，つぎに実験する人の皮膚や衣服についてしまう恐れがあります．実験後は，実験台のよごれをきれいに拭き取っておくことが大事です．

11. 実験が終わったら

> 実験室を出る前に，よく手を洗いましょう．

・実験のあいだに，気がつかないうちに薬品が手などについているかもしれません．そのままにしておくと，薬品で皮膚が傷ついたり，手にした食べ物を汚染して，口に入れてしまうかもしれません．"実験終了後は，よく手を洗ってから実験室の外に出る"習慣を身につけることは，実験者の身を守るために大変重要なことです．

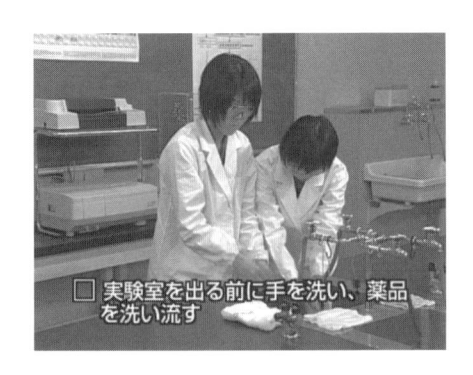

☐ 実験室を出る前に手を洗い，薬品を洗い流す

・どのような形であっても，実験用薬品を実験室外に出してはいけません．ほとんどの薬品は化学実験室内のみでの使用が許されています．
・実験着（白衣）にも，薬品がついたままになっていることが少なくありません．実験着を実験室外に持ち出すときは，他の物と接触しないように，特に注意してください．洗濯をするときは，他の衣服とは別にして，洗ったほうが安全です．

───── こんな事故がありました！ ─────

● 他の実験者がいすの上にこぼしていたアニリンに気づかずその椅子に座って作業していたところ，ズボンを通してアニリンが皮膚吸収され，急性中毒を起こして昏倒した．

11. 実験が終わったら

確認問題（以下の文章が正しければ○，間違っていれば×をつけよ．）

11・1　実験で使用した液体薬品は，そのままでは危険なので，大量の水道水で薄めて流さなければいけない．

11・2　一度使った器具類は，汚れているので，実験指導者に渡して，洗ってもらうようにしなければいけない．

11・3　大勢で実験をしていると，自分が使っていた器具を他の人の実験台に置き忘れたりすることは，よく起こることだが，実験室内にあることは確かなので，特に探す必要はない．

11・4　実験台の上には，薬品をこぼしてはいけないので，それを守っていたら，実験終了後，実験台をふく必要はない．

11・5　実験台をふいたぞうきんには，薬品が付着している恐れがあるので，洗わずに，そのままにしておく必要がある．

11・6　慎重に実験すれば，手などに薬品がつくことはないので，特に手を洗う必要はない．

11・7　実験が早く終わったら，まだ終わっていない人のために，実験室内で待っていたり，手伝ったりするほうがよい．

12 緊急用器具

> 実験室に備え付けられている緊急用器具について，知っておきましょう．

・化学実験室の中には，さまざまな安全対策として緊急用器具が備え付けられています．

　　救急時の安全マニュアル　　けが，やけど，めまいなどの問題が起こったときの救急方法を指示したマニュアル．学校の保健管理センターや近隣の病院の電話番号が記載されている．

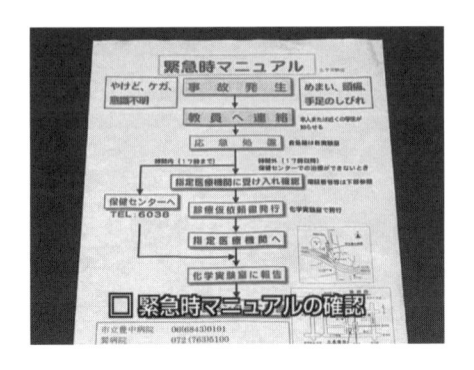

12. 緊急用器具

救急箱　比較的軽いやけどやけがを治療する応急手当用品が入っている．

消火器　比較的小さな火災を消火するためのもの．化学実験室では，さまざまな化学薬品が保管されているので，それらの薬品と反応して火災が大きくなることを防ぐために，二酸化炭素型の消火器を常備する必要がある．

緊急用シャワー　大量の化学薬品を浴びてしまったときや，衣服に火がついたときに，すぐに薬品を洗い流したり，消火したりするために使われる．

12. 緊急用器具

洗眼器　化学薬品が目に入ったときに、すぐに洗い流すためのもの．

防火用毛布　小さな火災や衣服に火がついたときに、すぐに消火するために使われるもの．

> 器具の破損、けが、火災など、どんな事故が起こった場合でも、まずは大声を出しましょう．

- 実験室内では、どのような事故が起こった場合でも、まず初めに大声を出してください．大声を出すことによって、周りで実験をしている人たちが非常事態が起こったことを知ることができます．恥ずかしがっていると、対応が遅れてしまい、手遅れになってしまうかもしれません．
- 周りで事故が起こったことを知ったときは、直ちに実験指導者に連絡してください．事故を起こしてしまった本人は、パニックになっていることが多く、冷静な判断ができないのが普通です．そのようなときは、周りの人たちのフォローが重要です．

12. 緊 急 用 器 具

・実験指導者は，事故の規模（負傷者の有無，負傷の程度，火災や爆発の危険性，二次災害の危険性など）を判断し，適切な対処をしてください．

> 実験室でけがをしたときは，直ちに傷口を洗って，薬品を洗い流すようにしましょう．

・実験室でけがをしたら，必ずすぐに実験指導者に知らせ，けがの処置を受けてください．実験指導者は応急手当をし，けがの程度によっては保健センターや近くの病院の手配をします．
・傷口から薬品が入ると症状が重くなってしまうため，すぐに流水で傷口を洗うことが重要です．

> もしも薬品が目に入ったら，すぐに洗眼器で洗い流します．

・保護メガネを着用していれば，目に薬品が入ることは少ないですが，保護メガネの着用を忘れていると，飛び散った薬品が目に入ることがあります．そのときは，すぐに洗眼器で薬品を洗い流すようにしてください．目を開けて眼球を動かしながら，少なくとも15分間は，水で洗い続ける必要があります．
・洗浄後，たとえ痛みがなくても，すぐに医師の診察を受けてください．

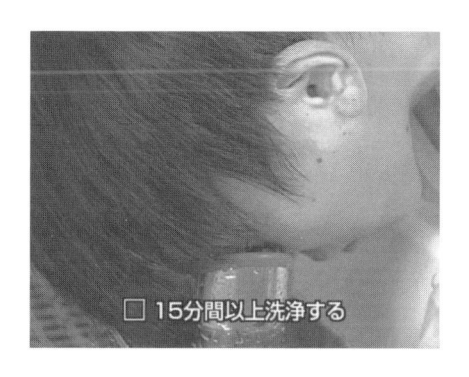

□ 15分間以上洗浄する

12. 緊急用器具

> 少量の薬品が，腕や手指などの皮膚についたとき，直ちに水道水で洗い流しましょう．

- 薬品が体の一部についたときに気がつかないままでいたり，気づいてもそのままにしておくと，薬品のために皮膚が変質し，症状が重くなります．どんなに少量の場合でも薬品がついたとき，またはついたかもしれないときは，直ちに水道水で洗い流してください．

> 大量の薬品を浴びてしまったとき，直ちに緊急用シャワーで洗い流さなければいけません．

- 薬品を浴びてしまったときには，薬品による痛みを感じるまで，待っていてはいけません．大量の水で洗い流す必要があります．
- 実験を始める前に，緊急用シャワーの場所を確認しておきましょう．
- 薬品がついた可能性のある衣服は，すべて脱ぎ捨てる必要があります．できるだけ早く全身に水を浴びて洗い流すことが大事です．
- 恥ずかしがってシャワーを浴びることを敬遠していると，皮膚から大量に吸収した薬品で中毒を起こしてしまう恐れがあります．
- 実験指導者は，他の学生を実験室外に出して，シャワーを浴びる学生の邪魔にならないようにします．
- シャワーは，15分間以上，浴び続ける必要があります．

12. 緊急用器具

> 引火しやすい揮発性液体薬品（有機溶媒）は，ガスバーナーで，直接加熱してはいけません．

・もしも，写真のように引火（発火）してしまった場合は，すぐにバーナーのガス栓を閉め，ふたで空気を遮断して，火を消します．

・揮発性液体薬品は，オイルバスなどの点火源のない器具を使って，ドラフト内で加熱すれば安全です．

> 火災が発生したときは，消火器が必要になります．

・火災が発生したときは，直ちに実験指導者に連絡してください．実験指導者は，消火器を使って，消火作業をしてください．

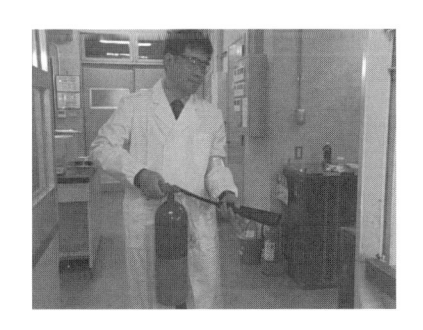

48   12．緊 急 用 器 具

> さらに大きな火災のときは，あわてずに避難するようにします．

・どんな場合の火災でも，すぐ実験指導者に連絡してください．実験指導者は消火器による消火が無理だと判断した場合は，直ちに全員を実験室の外へ避難させなければなりません．実験者は，実験指導者の指示に従って，実験室の外に避難しなければなりません．また，避難のときはあわてないことが大事です．

・非常ベルが鳴ったときは，火災の有無にかかわらず，直ちに建物外に出なければいけません．
・実験指導者は，電話で消防署に連絡してください．また，どんな薬品を使っていたかについても，消防署に報告することを忘れないようにしてください．

> 衣服に火がついたときは，転がって消します．

・衣服に火がついたときに，最もよい方法は，緊急用シャワーで水を浴びることです．
・しかし，シャワーが近くにないときは，顔に炎が当たらないように，手で顔を覆いながら，横に転がって火を消します．

12. 緊 急 用 器 具

・転がった後，うつぶせに寝ると体についた火はある程度まで消えます．実験指導者は，防火用毛布をかけて，残りの火を消してください．

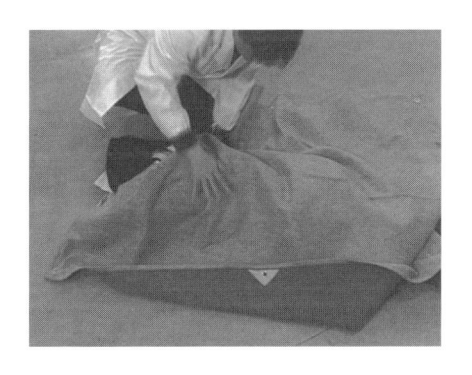

・このとき，あおむけになってしまうと，顔に炎が当たってしまい，顔にやけどのあとが残ってしまうかもしれませんので，気をつけてください．
・消火後は，症状の程度によらず，ただちに医療処置を受けなければいけません．

確認問題（以下の文章が正しければ ○，間違っていれば × をつけよ．）

12・1　実験室に入ったら，実験室に掲示してある"救急時の安全マニュアル"を読み，緊急用器具の置いてある場所を確認する．

12・2　実験中に，気分が悪くなったら，すぐに家に帰って，安静にしなければいけない．

12・3　隣の人がけがをしたら，本人の代わりに，実験指導者に報告する．

12・4　保護メガネを忘れていても，コンタクトレンズをしていれば，目に薬品が入っても，コンタクトレンズが目を保護するので，安全である．

12. 緊急用器具

12・5 　薬品が目に入ったときは，洗眼器で薬品を洗い流す．そのとき，目は，できるだけ開けておく必要がある．　□

12・6 　少量の薬品が指についたときは，すぐに水道水で洗い流せばよい．実験指導者に報告する必要はない．　□

12・7 　大量の薬品を浴びてしまったとき，体が痛かったり異常がある場合は，緊急用シャワーを浴びなければいけない．　□

12・8 　緊急用シャワーを浴びるのが恥ずかしいときは，薬品を浴びた部分に水道水をよくかけて，洗い流すようにすればよい．　□

12・9 　薬品を浴びても，特に痛みがなければ，そのままにしておいてもよい．　□

12・10 　蒸発しやすい有機溶媒を加熱するときは，ドラフトの中でガスバーナーを使えば，安全である．　□

12・11 　火災が発生したときは，できるだけ自分で消すようにする．　□

12・12 　発生した火災を消すときは，水道水を大量にかけるようにする．　□

12・13 　火災が大きくなってきたら，他の人よりも先に，急いで避難するように心がける．　□

12・14 　小さなやけどをしたら，流水で患部を15分以上，冷やす必要がある．　□

12・15 　衣服に火がついたときは，仰向けになって，手で叩くようにして，火を消すようにするとよい．　□

12・16 　軽いやけどやけがでも，実験指導者に報告しなければいけない．　□

12・17 　ひどいやけどやけがのときは，自分で判断して，病院に行って，治療を受けるようにする．　□

確認問題の解答と解説

第 1 章　実験を始める前に

1・1　【×】　化学（科学）実験は，あらかじめ予想（仮説）を立ててから，実験に臨む必要があります．予想どおりの結果が得られるか，また，予想と違う結果が得られたときは，なぜそうなるのかを考えながら，実験を行うと，自然現象を飛躍的によく理解できるようになります．また，予習しておくことで，その実験をするときに起こりうる事故の危険性について，予測できるという利点もあります．

1・2　【×】　化学実験において，不可抗力といえる事故は，ほとんどありません．実験器具の事前の点検，用いる薬品の性質についての知識，注意深い実験操作によって，化学実験の事故は防ぐことができます．

1・3　【×】　小中学校，高校，大学初学年で行う基礎実験では，事故が起こりにくいようにするさまざまな工夫がされています．しかし，実験書に従わない実験操作や薬品の取り扱いをすれば，事故が起こる可能性は高くなってしまいます．薬品の性質や化学反応の知識なしに，自分勝手な実験を行ってはいけません．

1・4　【○】　安全のためのチェックリストは，一般的な諸注意が書かれていることが多いですが，書かれている用語などがわからないときは，実験指導者に尋ねてください．注意事項がわからないまま実験を始めてしまうと，いつのまにか危険な操作をしてしまうかもしれません．

第 2 章 安全な服装

2・1 【×】 実験をするときは，実験用の服装をする必要があります．これは，自分自身を守るために必要最低限のことです．普段から着慣れた服装では，実験に対する心構えができなかったり，薬品などに汚染されたままの服装で実験室外に出てしまい，周囲に迷惑をかけてしまう可能性があります．

2・2 【×】 合成繊維の白衣は販売されていますが，これは，食品加工者や医療従事者などのためのもので，化学実験には適していません．合成繊維の場合，火がつくと，白衣が溶けて体にはりつくなどして，被害が大きくなります．また，実験で使用する化学薬品によって，腐食される可能性もあります．

2・3 【×】 腕まくりなどによって，素肌を露出すると，飛散した薬品が直接，皮膚に触れることになり，薬傷の恐れがあります．どんな場合でも，長袖の白衣を着用したほうが安全です．

2・4 【○】 靴底が薄かったり柔らかい靴の場合，床に落ちたままになっているガラスの破片を踏み抜いてしまう危険性があります．

2・5 【×】 たとえ実験室の気温が高い場合でも，素肌を露出する服装は，実験室内では危険です．特に，サンダル履きのとき，落下した薬品が，直接足の皮膚に当たってしまいます．そのときは，特に痛みを感じなくても，実験終了後に気がついたときには，手遅れになっている場合もあります．

2・6 【○】 長い髪は，後ろに束ねていれば問題ありませんが，そのままのときは，実験台と接触したり，実験台の上に置いた薬品や容器と接触して，気がつかないうちに，薬品で汚染されてしまうことがあります．汚染された髪を触った手で食事をしたりすると，重大な事故になってしまいます．

2・7 【×】 コンタクトレンズには，目を保護するような機能はありま

せん．むしろ，薬品が目に入ったときに，コンタクトレンズをしていると，目の中で，コンタクトレンズが薬品によって変形したりして，大変危険です．

2・8 【×】　通常のメガネでは，顔の横や上からの薬品の飛散を防ぐことができません．メガネの上から着用できる保護メガネがあります．実験中は，コンタクトレンズを外し，通常のメガネをしたうえで，保護メガネを着用する必要があります．

2・9 【×】　保護メガネは，製品によっては，曇りやすい材質でできたものもあります．しかし，実験途中ではずしてしまうと，自分の身を守ることができません．たとえ，自分は何も実験操作をしていなくても，隣の実験者が使用している薬品が飛散する事故は，よく起こります．

2・10 【○】　ゴーグルタイプの保護メガネは，頭を圧迫される感じがするので，好まない人が多いですが，最も目をしっかりと守ってくれるタイプの保護メガネです．バンドの長さを調整して，できるだけ快適に装着しましょう．

2・11 【×】　体の外部に露出して，最も弱い器官が目です．ほんの少量の薬品が飛散して，目に入ったとしても，薬品の種類によっては，重大な事故になります．確かに，口も比較的薬品に弱い器官ですが，常にマスクを着用する必要はありません．

2・12 【○】　2・7でも解説しましたように，コンタクトレンズを着用したまま実験をしていると，目の中に薬品が飛散したとき，最悪の場合，失明する恐れもあります．

第3章　実験室での行動

3・1 【×】　実験室では，自分一人だけで実験することは，ほとんどありません．周りの人の様子に気を配りながら実験をする必要があり

ます．たとえば，他の人が揮発性の有機溶剤を使っているときは，ガスバーナーなどの火が出るものを使ってはいけません．

3・2 【×】　実験は，人との競争ではなく，自然と向き合うことが大切です．早く実験を終わらせることや，他の人と違う操作をすることを競っていると，あわててしまったり，間違った実験操作によって，事故が起こってしまいます．

3・3 【×】　実験室には，事故が起こりにくくするための装置や器具，事故が起こってしまったときに，すぐに対処できる器具などの設備があります．しかし，これらの設備によって，完全に事故を防ぐことはできません．安全は，実験者一人一人の意識によって初めて実現します．

3・4 【×】　携帯電話を実験台の上に置いていると，電話やメールを受信したりして，実験に対する注意力が散漫になってしまいます．実験で時間を測定する必要があるときは，腕時計やストップウォッチなどの計時機能だけをもったものを使います．

3・5 【×】　実験のあいだ，携帯電話を使わないようにするのは，他の人の迷惑にならないためというよりも，実験に対する注意力が散漫にならないためです．注意力が散漫になると，思わぬ事故を起こしてしまいます．携帯電話は，電源を切って，かばんの中に入れておくようにして，実験が終わるまでは，電話もメールもチェックしないようにしましょう．

3・6 【×】　実験台の上に，実験と関係のない物が置いてあると，実験器具や薬品ビンを置くスペースが狭くなってしまい，事故が起こる危険性が高くなります．実験台の上は，常に整理した状態にしておくとともに，不要なものは，置かないように心がけましょう．

3・7 【×】　たとえリップクリームであっても，直接，肌につけるものは，実験室では使用しないようにしましょう．化学薬品の蒸気などにさらされると，化粧品などは変質してしまう恐れがあります．

3・8 【○】　実験室内では，さまざまな装置を使うために移動することが，よくあります．手に薬品が入ったガラス器具を持って移動しているときに，足下に予期しないものが置いてあると，つまづいて転んでしまうか，もしくは，薬品を他の人にかけてしまうかもしれません．そのような事故が起こらないように，かばんは，邪魔にならないよう，所定の場所に置くようにしましょう．

3・9 【×】　どんな場合でも，飲食物を実験室内に持ち込むことは，絶対にやめましょう．薬品に汚染された飲食物を口にしてしまうと，中毒によって気分が悪くなったり，意識がなくなったり，最悪のときには，死亡するという取り返しのつかない事態になります．

3・10 【×】　容器の形状によらず，飲み物を実験室に持ち込んではいけません．ふたができるタイプの容器でも，ふた，飲み口，または直接容器内に，飛散した薬品が入る可能性があります．

第4章　実験器具の安全な取り扱い

4・1 【○】　バーナーによっては，回転バルブが固くなって回りにくいものがあります．そのようなものは，実験指導者に報告して，交換してもらったほうが安全です．

4・2 【×】　回転バルブを全開にすると，燃焼ガス（都市ガスやプロパンガス）が大量に出てきます．その状態でライターで点火しようとすると，爆発を起こし，大変危険です．回転バルブは，少しだけ開けてから，点火します．炎の大きさは，点火した後，調整します．

4・3 【×】　炎が青白色っぽいときは，空気（酸素）がよく混合しており，炎の温度は高くなっています．赤い炎のときは，空気（酸素）が不足しており，火は弱く，不完全燃焼をして，すすが発生します．赤い炎のときは，空気用の回転バルブを回して，空気をよく混合する必要があります．

4・4 【×】　空気用の回転バルブを全開にすると，空気の量が多すぎて，かえって点火しません．点火するときは，空気用の回転バルブを完全に閉じ，燃焼ガス用の回転バルブだけを少しだけ開けます．

4・5 【○】　口の狭い容器に入った液体を急激に加熱すると，突然沸騰して，口から液体が蒸気とともに勢いよく飛び出てくることがあります．飛び出た液体が，顔や目にかかってしまうと，大変危険です．このようなときは，ウォーターバスなどを使って，ゆっくりと均一に加熱するようにすれば安全です．

4・6 【×】　試験管を加熱するとき，試験管の口から，沸騰した液体が飛び出てくる可能性があります．他の人の顔に向けてはいけないのはもちろんのこと，自分のほうにも向けないようにしましょう．誰もいない方向に，試験管の口を向けておけば安心です．

第5章　ガラス器具の取り扱い

5・1 【○】　ガラス器具にキズがあると，破損して，ケガをする可能性があります．実験を始める前に確認するとともに，実験が終わった後，かたづけをするときにも，ガラス器具にキズがないかを確かめながら洗うようにしましょう．

5・2 【×】　ガラス器具のキズを確認するときには，明かりに透かして見るとわかりやすいです．ガラス器具のふちなどを指でなぞって確認しようとすると，ガラス器具にキズがあった場合，ケガをしてしまうかもしれませんので，やめましょう．

5・3 【×】　破損しているガラス器具は，修理して再利用できる場合もあります．また，破棄するときは，破損したガラス器具が薬品で汚染されていないことを確認してから，ガラス器具専用のゴミ箱に捨てる必要があります．ガラス器具が破損しているということに気がついたら，実験指導者に渡して，処理してもらいましょう．

5・4 【×】　複数のガラス器具を接続して組み上げるときには，接続部分にひずみがあると，無理な力の負担がかかって，ガラス器具が破損することがあります．最初に，ガラス器具をスタンドに固定してしまうと，接続部分のひずみが大きくなってしまいます．まず，軽く固定して，接続部分にひずみがかからないように組み上げて，位置を決めます．その後，個々のクランプのネジをしっかりと締めることで，固定することができます．

5・5 【×】　ガラスの温度は，見た目では判断できません．確かに，炎の中で赤くなっているときは高温ですが，炎から出した後，赤色が消えても高温のままですので，触るとやけどをします．また，実験台の上に直接置いてしまうと，実験台を焦がしてしまいます．

5・6 【×】　たとえ，60 ℃でも，直接，素手で触るとやけどをします．熱いために，すぐに手を離してしまうと，ガラス器具を落として破損することもあります．ガラス器具の温度が 50 ℃ぐらいでも，ほとんどの人は熱くて素手で持つことはできません．

5・7 【×】　ガラス細工をしたときのガラスで，まだ冷めていないものは，木板ではなく，陶器板（セラミック板）の上に置きます．木板の上に置くと，木板が焦げるか，もしくは火を発して危険です．

5・8 【○】　装置を組み上げて，しっかり固定したつもりでも，クランプのネジが緩んでいて，危ないことがよくあります．しっかりと固定されているか，何度も確認することが大事です．

第6章　ガラス管の取り扱い

6・1 【×】　ガラス管をゴム栓の穴に差し込むときは，手と手の間は，できるだけ近づけておきます．手と手が離れたままで差し込むと，ガラス管が折れてしまい，破片が顔に飛んできたり，折れたガラス管が手に刺さったりして，非常に危険です．手と手の間は，2 cm 以

内にしましょう．

6・2 【×】　確かに，ガラス管の手に持つ部分を水で濡らすと滑りやすくなって危険ですが，ガラス管とゴム栓の穴が接する部分を，水で濡らすと潤滑剤の役目を果たし，ガラス管がスムーズに挿入できます．

6・3 【○】　ガラス管をゴム栓から抜き取るときは，差し込むときと同様に，手と手の間を近づけることで，ガラス管が折れることを防ぐことができます．

6・4 【×】　変質して硬くなったゴム栓は，再使用しないようにしましょう．

第7章　温度計の取り扱い

7・1 【×】　温度を測定するときに，均一にする必要があるのは正しいのですが，液体をかき混ぜるために温度計を使ってはいけません．温度計の先端はガラスが薄くて弱いので，力がかかると割れて，液体内にアルコールまたは水銀がこぼれてしまいます．

7・2 【×】　温度計を冷ますためには，振る必要はありません．静かに置いておくことで，自然と温度は下がります．十分に下がったら，水洗したあと水分を軽く拭き取ってから，収納容器に入れるようにしましょう．

7・3 【○】　温度計に力がかからないように，容器の壁や底から離して，液体につけるようにしましょう．

第8章　ピペットの取り扱い

8・1 【×】　ピペットに口をつけて，液体薬品を吸い上げると，誤って，口の中に液体薬品が入ってしまうことがありますので，避けた

方がよいでしょう．ピペッターを使えば，口で吸わなくても，安全に液体薬品を吸い上げることができます．

8・2 【×】　確かに，ピペットは一定の温度（たとえば20℃）で正確な体積量の液体を測りとることができる器具です．しかし，ピペット本体を持たないと，ピペッターからピペットが抜け落ちて，破損したり，液体薬品を飛散する原因になってしまいます．ピペットを扱うときは，ピペッターとピペット本体の両方を軽く持つとよいでしょう．

8・3 【○】　ピペットを使うときは，液体薬品を吸い上げすぎないことが大事です．ピペッターに液体が入ると，測定している薬品が汚染されるだけでなく，ピペッターも薬品で汚染されるので，他のピペットに使用する前に，ピペッターを，よく洗浄し乾燥させる必要があります．

第9章　遠心分離器の取り扱い

9・1 【○】　遠心分離器を使うときは，遠心管の質量のバランスをとるために，バランサーなどを用いるようにしましょう．

9・2 【×】　たとえ，低速回転であっても，バランスがとれていないと，遠心分離器は振動して，ひどいときは回転軸が曲がってしまい，使用できなくなってしまいます．

9・3 【×】　遠心分離器が振動したときは，直ちにスイッチを切り，バランスを取り直す必要があります．たとえ，手で装置を押さえても，中の回転ローターの振動を止めることはできず，大変危険です．

9・4 【×】　異常音がするときは，1分間も放置することなく，すぐにスイッチを切らなければなりません．たとえ，1分であっても，遠心管が破損して飛び散ってしまうと，被害が大きくなってしまうからです．

9・5 【×】　遠心分離器は，回転ローターの回転が自然に止まるまでは，決してふたを開けてはいけません．手で回転を止めようとして，回転ローターに接触すると回転に巻き込まれて大変危険です．

9・6 【×】　回転ローターが完全に止まるまで，待たなければいけません．低速回転であっても，回転ローターは重いので，簡単に手で止めることはできません．

第10章　薬品の安全な取り扱い

10・1 【×】　単に，ラベルがはってあるかどうかを確認するだけではなく，ラベルをよく読んで，"薬品の名前と濃度"で必要としている薬品であるかどうかを確認し，"取扱い注意事項"を読むことで危ない操作をしないように心がける必要があります．

10・2 【×】　同じ粉末の薬品でも，見た目の色や形状が異なっていることがあります．また，逆に，見た目は同じでも，全く性質の異なる粉末の薬品もあります．見た目だけでなく，薬品ビンのラベルをよく読んで確認してから使用しましょう．

10・3 【×】　薬品を混合すると，直ちに化学反応を開始する場合があります．また，酸などのように，薄める際に熱を発生するものもあります．たとえば，濃硫酸が入った容器に水を入れると大変危険です．この場合は，水の入った容器に，濃硫酸をゆっくりとかくはんしながら入れる必要があります．薬品を混合するときは，手順も間違えないように気をつけましょう．

10・4 【〇】　どんなに注意深く操作しても薬品をこぼしてしまう恐れがある人は，作業用トレーを容器の下に置いておけば，実験台に直接薬品をこぼすことがないので安心です．こぼしてしまうと危険である薬品を使うときは，トレーを敷いておくことを強く勧めます．

10・5 【×】　薬品ビンのふたを持つと，しっかりとふたが閉まっていないときは，ふたが緩むと同時に薬品ビンが落下し，足下で薬品ビンが破損し，ガラスの破片と薬品が飛び散る事故が起こってしまい，大変危険です．薬品ビンを持つときは，ビン本体をしっかりと持ちましょう．ビンに薬品が付着しているかもしれないときは，ぞうきんなどで，よくふいてから持つようにすれば，大丈夫です．

10・6 【×】　薬品ビンのふたをゆるく締めていると，誤って，ふたを持って薬品ビンを持ち上げた場合，大変危険です．また，薬品ビンのふたが締まっていないと，薬品の蒸気が知らないうちにもれていたり，中の薬品が変質してしまう場合もあります．固く締めすぎる必要はありませんが，しっかりとふたを締めておきましょう．

10・7 【×】　薬品のにおいをかぐ必要がある場合は，あまり多くありませんが，もしも，必要があったとしても，直接，薬品ビンの口に顔や鼻を近づけてはいけません．刺激性の薬品の場合は，鼻や口の中の粘膜が傷つけられてしまいます．

10・8 【×】　どんなことがあったとしても，直接，薬品に触ってはいけません．薬品の性質についての十分な知識なしに，直接触ってしまうと，大変な薬傷を負ってしまう可能性があります．どのような薬品も，有毒であると考えておくことが大事です．このようなときは，ぞうきんなどを使って，こぼれた薬品をふきとるようにしましょう．

10・9 【○】　一度，薬品ビンから出した薬品は，二度と戻さないようにしましょう．そうすれば，薬品ビンの中の薬品の純度は保たれます．ごく少量でも，不純物が混入してしまっては，簡単に不純物を除くことはできません．小分けして使用し，残った薬品は，廃棄します．

10・10 【×】　同じ容器に，異なる薬品を測りとることは避けてください．後から入れた薬品が多く入ってしまったときは，二度と戻すことはできません．また，測りとっているあいだに，化学反応が

起こってしまうこともあります．異なる薬品は，異なる容器で測りとり，注意深く混合して反応させることが大事です．

10・11 【×】　一度使った薬さじは，たとえ同じ薬品であっても，使わないようにしましょう．最初に使ったときに，不純物が薬さじに付いてしまったとき，薬品ビンの中に薬さじを入れてしまうと，薬品の純度が悪くなってしまいます．一度使った薬さじは，使用後，よく洗って乾かした後，初めて使えるようになります．

10・12 【×】　大きなタンクから口の狭いメスシリンダーに直接に液体薬品を測りとることは，薬品をこぼす原因になるので，やめましょう．一度小さくて口の広い容器（ビーカーなど）に液体薬品を取り分けてから，測りとるようにしたほうが安全です．

10・13 【×】　ドラフトは，ダクト管から新鮮な空気を取り込むのではなく，ダクト管から空気を排出する装置です．ドラフト内で発生した有毒ガスは，ダクト管を通じて排気されるため，安全に実験を行うことができるようになります．

10・14 【×】　有毒ガスが発生する実験を，ドラフトを使わずに顔の前で行うと，発生したガスを直接吸い込むことになり，大変危険です．また，有毒ガスが発生しない実験でも，顔のすぐ前で操作すると，薬品が飛散したときに，目，口や鼻に入ってしまう可能性があり大変危険です．

10・15 【○】　ドラフトは，使用していないときは，扉を閉めておきます．使用するときも，手だけが入る程度に開けるようにすれば，中で発生している有毒ガスを吸い込む危険性が低くなります．開いている面積が狭いほど，ドラフト内の気体は外にもれなくなるためです．ドラフトは，できるだけ扉を閉めておくようにすると覚えておきましょう．

10・16 【○】　薬品ビンを持つときは，ラベルの上を持つようにすれば，ラベルに薬品がかかって，ラベルの紙が腐食されたり，書かれて

いる文字が消えたりすることを避けることができます．液体薬品を注ぐときは，特に，この方法を守るようにしましょう．

第11章 実験が終わったら

11・1 【×】 実験で使用した液体薬品のほとんどは，一般の下水に流してはいけません．たとえ，大量の水で薄めたとしても，環境破壊につながります．実験で使用した液体薬品は，実験指導者の指示に従って，所定の廃液タンクに捨てるようにしましょう．

11・2 【×】 実験に使った器具類は，自分できれいに洗う必要があります．それぞれの器具には，どのような薬品を使ったかということを知っている実験者本人だけが，その器具をどのように洗えばよいかを知っています．たとえば，有機溶剤にしか溶けない薬品であるのか，水で溶ける薬品であるかによって，洗い方は変わってきます．自分で使った器具類は，責任をもって，自分で洗うようにしましょう．

11・3 【×】 実験終了時のかたづけは，原状回復が原則です．実験で使用した器具類は，きれいに洗った後，実験が始まる前に置いてあった場所に戻しましょう．もし，薬品に汚染された器具を，実験台に置き忘れてしまうと，他の人が，きれいになっていると勘違いして，汚れた器具を直接手で触れてしまうかもしれません．

11・4 【×】 実験の最中にどんなに注意していても，実験台の上に薬品がこぼれているかもしれません．もしくは，隣の実験台の薬品が飛散して，実験台の上に残っているかもしれません．実験が終わったら，必ず，実験台の上をよくふきとるようにしましょう．

11・5 【×】 もしも，薬品に汚染されたままのぞうきんを放置していると，つぎにそのぞうきんを使う人の手に薬品がついてしまうかもしれません．また，別の薬品をふきとったときに，ぞうきんで予期せ

ぬ化学反応が起こってしまうかもしれません．決して，ぞうきんをそのままに放置しないでください．使用後のぞうきんは，水道水で，よく洗うことが大事です．下水に流すことができない薬品をふきとったことが明らかであるぞうきんは，廃棄する必要がありますので，実験指導者に報告して，指示に従ってください．

11・6 【×】　どんなに慎重に実験しても，気がつかないうちに，薬品が手についているかもしれません．そのまま，実験室の外に出て，目や鼻を触ったり，食事をしたりすると，体の中に薬品が入り，大変危険です．どのような場合でも，実験が終わったら，よく手を洗ってから，実験室の外に出るようにしましょう．

11・7 【×】　実験が終わると，緊張が解けてしまうことが多く，実験室内には，危険な薬品や器具があることを忘れてしまいがちです．実験が終わった後も実験室に残っていると，実験をしている人に話しかけたりして，他の実験者の注意力を散漫にしてしまう可能性があり，事故が起こりやすくなります．実験が終わったら，かたづけをして，すぐに実験室の外に出るようにしましょう．

第12章　緊急用器具

12・1 【○】　緊急用器具の位置は，あらかじめ確認しておくようにしましょう．もし必要になったときでも，あわてずに行動できます．

12・2 【×】　薬品が体の中に入ったため，気分が悪くなったときには，医師による治療が必要になります．家に帰って安静にしていると，症状がひどくなったとき，手遅れになってしまう可能性があります．実験中に気分が悪くなったら，実験指導者に報告し，場合によっては病院に行って，治療を受けてください．実験指導者は，使用している薬品の性質から判断して，なぜ気分が悪くなってしまったかについて，医師に説明するようにしてください．

12・3 【○】　けがなどの事故に遭遇したとき，ほとんどの人は，パニックになってしまいます．そのようなときは，冷静な判断ができる隣の人が，本人の代わりに実験指導者に報告するようにしてください．

12・4 【×】　2・7と2・12でも解説をしましたように，コンタクトレンズは，保護メガネの代わりにはなりません．むしろ，裸眼のときよりも，対処が遅れてしまい，重大な視力障害が残る可能性があります．化学実験をするときは，絶対にコンタクトレンズをはずしておくということを覚えておいてください．

12・5 【○】　目に薬品が入ったときの対処のために，実験室には洗眼器が備え付けてあります．洗眼器を使うときは，目を開けて，直接水でよく目を洗うようにしましょう．もしも，手近に洗眼器がなかった場合は，水道の蛇口からの水を使っても構いません．15分以上洗うようにしましょう．

12・6 【×】　たとえ，少量であっても，ひどい薬傷を起こす薬品もあります．また，一時的には大丈夫でも，時間が経ってから悪くなってくる薬傷もあります．どんなに小さいと思われるような事故であっても，実験指導者に必ず報告しなければいけません．実験指導者は，的確な対処方法を指示してください．

12・7 【×】　大量の薬品を浴びてしまったときは，痛みや異常の有無にかかわらず，すぐに，緊急用シャワーを浴びなければいけません．手遅れにならないように気をつけてください．

12・8 【×】　緊急用シャワーを浴びることは，恥ずかしいことかもしれませんが，そのために，全身に大きな傷を負ってしまったり，障害が残ってしまっては，一生悔いが残ることになってしまいます．ひどいときは，命を落としかねません．恥ずかしがってシャワーを浴びることを嫌がらず，緊急用シャワーを浴びて，被害を最小限度におさえることが大事です．

12・9 【×】　薬品の中には，時間が経ってから症状が出るものもあります．手遅れにならないように，どのような薬品であっても，すぐに洗い流す必要があります．

12・10 【×】　蒸発しやすい有機溶媒をガスバーナーで加熱すると，バーナーの火が引火して，火災の原因になります．たとえドラフトの中であっても，火災を防ぐことはできません．有機溶媒を加熱するときは，必ず，点火源のない熱源（たとえばオイルバスなど）を使うようにしましょう．

12・11 【×】　火災が発生したときは，自分一人で対処しようとするのではなく，すぐに実験指導者に報告してください．実験指導者が消火器を使って消火します．

12・12 【×】　薬品の中には水をかけると，かえって炎が大きくなったり，飛び火するものもあります．薬品の性質を知らずに消火しようとすると大変危険です．自分で消火するのではなく，必ず実験指導者にすぐ報告してください．実験指導者は，使用している薬品に合わせた消火をしてください．

12・13 【×】　火災が大きくなり，実験指導者が消火が不可能だと判断したら，実験指導者の指示に従って，落ち着いて避難するようにしてください．急いだり，あわてて逃げたりすると，パニックになり，二次災害が起こる原因になります．

12・14 【○】　やけどをしたら，まず冷やすことが一番大事です．流水で 15 分間以上，冷やさなければいけません．そうすれば，小さなやけどの場合は，あとも残らずにきれいに治ります．冷やす時間が短いと，水ぶくれになったり，皮膚がひきつったままになったりして，あとが残ることになります．15 分間，冷やし続けると，しびれてきて，感覚がなくなるかもしれませんが，我慢強く冷やし続けてください．より大きなやけどの場合は，医師の診察が必要ですので，必ず病院に行くようにしてください．

確認問題の解答と解説

12・15 【×】　衣服に火がついたときは，仰向けになると，火が顔にかかってしまい，目，鼻や口にやけどを負ってしまう可能性があります．顔を手で覆って火を防ぎながら横に転がって，衣服についた火をできるだけ消すようにします．最後は，手で顔を守りながら，うつぶせになるようにしてください．実験指導者が防火用毛布をかけて，残った火を消します．

12・16 【○】　やけどやけがの軽さは，自分で判断してはいけません．どのような事故でも，実験指導者に報告して，実験指導者の指示に従ってください．実験指導者は，使用していた薬品の種類やけがの重さを判断して，適切な処理をしてください．

12・17 【×】　やけどやけがをしたときは，まず実験指導者に報告して，指示を仰ぎます．病院に行く必要があるときも，実験指導者が連れて行きます．実験指導者は，どのような状況であったか，どのような薬品を使っていたかを，医師に説明してください．医師は，その情報に基づいて適切な治療をします．

付録　基礎化学実験でよく用いられる薬品の性質と危険性

　基礎化学実験では，さまざまな薬品を使用します．実験を始める前に，用いる薬品の性質と危険性を知っておくことは，実験を安全に行うために，大変重要です．ここでは，小中学校，高校，大学初学年で用いられる代表的な薬品の性質と危険性をまとめました．実験を始める前に使用する薬品を調べて，よく読んでください．さらに詳しい薬品の性質や取り扱い・保管上の注意事項については，試薬メーカーから無料で配布されるMSDS（Material Safety Data Sheet）をご覧ください．MSDSは日本試薬協会のウェブサイト（http://www.j-shiyaku.or.jp/home/msds/index.html）からダウンロードできます．

マークの意味

マーク[†]	危険性	国内関連法規
(炎1)	**引火性**（加熱により引火する薬品・可燃性固体） 引火点が70℃以上200℃未満のもの 加熱時，バーナーなどの火の気で引火してしまう 火がつくとよく燃える	消防法第四類第三石油類 （引火性液体） 消防法第二類(可燃性固体)
(炎2)	**引火性**（引火性が高い薬品） 引火点が21℃以上70℃未満のもの 使用時は，火気厳禁でなければいけない 灯油と同じグループである	消防法第四類第二石油類 （引火性液体）
(炎3)	**引火性**（非常に引火性が高い薬品） 引火点が21℃未満のもの 使用時は，火気厳禁でなければいけない ガソリンと同じグループである	消防法第四類第一石油類 およびアルコール類 （引火性液体）
(炎4)	**引火性**（きわめて引火性が高い薬品や可燃性ガス・特殊引火物） 引火点が-20℃以下で沸点が40℃以下のもの 使用時は，火気厳禁でなければいけない	消防法第四類特殊引火物 （引火性液体） 高圧ガス保安法 （可燃性ガス）
(爆発)	**爆発性**（爆発性の物質・高圧ガス） 熱，光，衝撃などでたやすく爆発する 高圧ガスは換気に注意すること	高圧ガス保安法
(禁水)	**禁水性**（水や空気などと反応し，発熱・発火する薬品） 水と反応して発熱する 水と反応して可燃性ガスを発生する	消防法第三類（禁水性物質）
(酸化)	**酸化性**（強い酸化力をもつ薬品・酸化性固体・酸化性液体） 可燃物と反応し，発火・爆発を起こす 加熱・衝撃・摩擦等で酸素を放出して分解する	消防法第一類（酸化性固体） 消防法第六類（酸化性液体）
(どくろ)	**有害性**（きわめて有害性が高く，死に至ったり，発がんなど重篤な症状をひき起こす薬品） 必ずドラフト中で取り扱う	特定化学物質障害予防規則
(マスク)	**有害性**（有害性が高く中毒等を起こしやすい薬品） ドラフトなどの換気装置中で取り扱う 蒸気が実験室に漏れないようにする	有機溶剤中毒予防規則
(手袋)	**有害性**（腐食性・刺激性のある薬品） 保護手袋の着用等により手や体にかからないように注意する	
(鍵) 毒物　劇物	**有害性**（有害性が高く，死に至ったり，重篤な障害をひき起こす薬品） 鍵のかかる保管庫で施錠して保管する 使用記録をつけなければいけない	毒物および劇物取締法
PRTR	**有害性**（PRTR法で規制される薬品） 実験室に持ち込んだ量（購入した量）と使用した量，廃棄した量の報告が求められる．	PRTR法

　[†] これらのマークは本書独自のものであり，一般的に使用されているものではありません．

A. 酸・塩基

薬　品	性質と危険性	マーク
塩　酸	市販濃度37％（約12 M） 発煙性，刺激臭あり 金属製の棚・ロッカーに保管すると，発生する塩化水素により，金属が錆びるので，木製または排気付きロッカーに保管すること ［危険性］ 接触すると，重篤な皮膚の薬傷，重篤な目の損傷を負う 吸入すると，アレルギー，喘息または呼吸困難等の呼吸器系の障害を起こす恐れがある	
クエン酸	レモンなどの柑橘類に含まれている．食品添加物としても用いられる．特に危険性はない	
酢　酸	常温では無色の液体である．刺激臭あり．融点が低く，冬場には凍るので，氷酢酸ともよぶことがある ［危険性］　引火性液体および蒸気である 皮膚に接触すると有害である．接触すると，重篤な薬傷，重篤な目の損傷を負う 飲み込むと有害の恐れがある．器官の損傷（消火器系,血液）を負う 吸入すると，呼吸器の刺激の恐れがある	
シュウ酸	無色無臭の固体である．吸湿性がある．加熱すると分解する ［危険性］　飲み込むと有害である 接触すると，重篤な皮膚の薬傷，重篤な目の損傷を負う 生殖能または胎児への悪影響の恐れの疑いがある 吸入すると，呼吸器の障害の恐れがある	
硝　酸	市販濃度65％（約14.5 M） やや発煙性，刺激臭あり 酸化性が強く，有機物やセルロースなど可燃物と混じると自然発火の原因となる ［危険性］　火災助長の恐れがある（強酸化性物質） 吸入すると，呼吸器系の障害の恐れがあり，生命の危険がある 接触すると，重篤な皮膚の薬傷，重篤な目の損傷を負う	
炭　酸	二酸化炭素が水に溶け込んだときにできる．特に危険性はない	
硫　酸	市販濃度96％（約18 M） 吸湿性，脱水炭化作用がある 水と混じると激しく発熱，水と混ぜるとき（薄めるとき）は，必ず水に硫酸を注ぐようにすること ［危険性］　飲み込むと有害の恐れがある 吸入すると，呼吸器系の障害の恐れがあり，生命の危険がある 接触すると，重篤な皮膚の薬傷，重篤な目の損傷を負う	
アンモニア水	市販濃度28％ 強い刺激臭がある（悪臭防止法で規制されている） ガスはきわめて高い可燃性・引火性がある ［危険性］ 接触すると，重篤な皮膚の薬傷，重篤な目の損傷を負う 吸入すると，アレルギー，喘息または呼吸困難を起こす恐れがある 遺伝性疾患の恐れの疑いがある 加圧ガスは熱すると爆発の恐れがある	
水酸化カリウム	潮解性（固体のまま放置すると，空気中の水分や二酸化炭素を吸って溶けてくる） ［危険性］ 接触すると，重篤な皮膚の薬傷，重篤な目の損傷を負う	
水酸化ナトリウム	潮解性（固体のまま放置すると，空気中の水分や二酸化炭素を吸って溶けてくる） ［危険性］ 接触すると，重篤な皮膚の薬傷，重篤な目の損傷を負う 吸入すると，呼吸器系の障害の恐れがある	

B. ガス

ガス	性質と危険性	マーク
アルゴン	高圧ボンベから使用する．ボンベの色は灰色．比重が空気よりも大きい [**危険性**]　　窒息性気体である	
酸素	高圧ボンベから使用する．ボンベの色は黒色 [**危険性**]　　支燃性(物質の燃焼を助ける)気体である 有機物と接触すると発火の危険性がある	
水素	高圧ボンベから使用する．ボンベの色は赤色 [**危険性**] 爆発する濃度の範囲が非常に広いので、バーナーや電気火花などからの引火や，換気に特に注意しなければいけない	
窒素	高圧ボンベから使用する．ボンベの色は灰色．比重が空気とほぼ同じである [**危険性**]　　窒息性気体である	
二酸化炭素	高圧ボンベから使用する．ボンベの色は緑色．比重が空気よりも大きい [**危険性**]　　窒息性気体である	
硫化水素	きわめて可燃性・引火性が高い．強い刺激性がある．腐卵臭がある無色の気体である [**危険性**] 吸入すると呼吸中枢麻痺から死に至る危険がある．吸入によって中枢神経系，呼吸器系，心血管系の障害を起こす	

C. 寒剤

薬品	性質と危険性	マーク
食塩＋氷	氷に，食塩を直接加えると，−20℃程度まで冷やすことができる．温度を保つためには，金網などを利用して溶けた水分を分離したほうがよい [**危険性**]　　素手で触ると，凍傷になる	
ドライアイス	二酸化炭素(炭酸ガス)を冷やして固体にしたものである．−78.5℃まで冷やすことができる．昇華して二酸化炭素を発生する [**危険性**] 二酸化炭素を発生するため，閉め切った室内や車内などに放置すると，窒息する恐れがある．発生する二酸化炭素は空気よりも重いので，窓を開けるだけでなく，必ず換気をする必要がある 密閉した容器に入れて放置すると，爆発する恐れがある 素手で触ると，凍傷になるので，取り扱うときは，必ず皮手袋を着用すること	
液体窒素	液化した窒素である．77 K (−196℃)まで冷やすことができる 気化すると体積が約 700 倍に膨張する [**危険性**] 気化すると窒素を発生するために，閉め切った室内，車内に放置すると窒息する恐れがある 運搬の際，液体窒素を入れたデュワー容器と一緒にエレベーターに乗ってはいけない．事故でエレベーターに閉じこめられた場合，デュワー容器から発生する窒素ガスによって窒息する恐れがある 液体窒素を開放系のデュワービンなどの容器に長時間保管してはいけない．空気中の酸素が液化して，容器内に濃縮されると，ちょっとした衝撃や有機物との接触によって爆発する恐れがある	

D. 有機溶媒

薬　品	性質と危険性	マーク
アセトニトリル	引火性が非常に高い液体である．エーテル様臭気をもつ無色の液体である [危険性] 飲み込むと有害の恐れがある 接触すると，皮膚から吸収されて有毒である．中枢神経系の障害を起こす 強い眼刺激性がある 遺伝性疾患の恐れの疑いがある 吸入すると呼吸器の障害を起こす	
アセトン	引火性が非常に高い液体であり，発生する蒸気も引火性が高い．エーテル臭をもつ無色の液体である [危険性] 眼刺激性がある 生殖能または胎児への悪影響の恐れの疑いがある 蒸気を吸入すると，呼吸器への刺激の恐れがある．また，眠気またはめまいの恐れがある．飲み込むと，気道に侵入して有害となる恐れがある 長期または反復ばく露による血液の障害の恐れがある	
エタノール	引火性が非常に高い液体であり，発生する蒸気も引火性が高い．特有の臭いのある無色の液体である [危険性] 強い眼刺激性がある 遺伝性疾患の恐れの疑いがある 生殖能または胎児への悪影響の恐れがある 呼吸器への刺激の恐れがある．また，眠気またはめまいの恐れがある 長期または反復ばく露による肝臓の障害を起こす	
クロロホルム	蒸気は麻酔作用がある．光・酸素により分解し，有害なホスゲンを発生する．使用量，回収量，廃棄量を管理し，環境への排出量を制限するPRTR法の対象物質である [危険性] 発がんの恐れの疑いがある 蒸気の吸入により，頭痛，眠気またはめまいの恐れがある 長時間の吸入により，肝臓や腎臓の障害を起こす 大量に吸入すると，呼吸障害により生命の危険がある 遺伝性疾患の恐れの疑いがある 生殖能または胎児への悪影響の恐れの疑いがある 飲み込むと有害である 接触により，重篤な皮膚の薬傷，重篤な目の損傷を負う	
酢酸エチル	引火性が非常に高い液体であり，発生する蒸気も引火性が高い．果実様臭気のある無色の液体である [危険性] 眼刺激性がある 蒸気の吸入により，呼吸器系の障害を起こす．また，頭痛，眠気またはめまいの恐れがある	
ジエチルエーテル （エチルエーテル）	きわめて引火性の高い液体であり，発生する蒸気もきわめて引火性が高い．刺激臭をもつ流動性の高い無色の液体である．揮発性が高いため，冷暗所で保管しなければいけない [危険性] 眼刺激性がある．皮膚刺激性がある 飲み込むと有毒である	
シクロヘキサン	引火性が非常に高い液体であり，発生する蒸気も引火性が高い．ベンゼン様臭気をもつ無色の液体である [危険性] 強い眼刺激性がある．皮膚刺激性がある	

付録　基礎化学実験でよく用いられる薬品の性質と危険性

有機溶媒（つづき）

薬　品	性質と危険性	マーク
1,2-ジクロロエタン（塩化エチレン）	引火性が非常に高い液体であり，発生する蒸気も引火性が高い．甘い臭気をもつ無色の液体である [危険性] 強い眼刺激性がある．強い皮膚刺激性がある 飲み込んだり，皮膚に接触したり，吸入すると有害である 遺伝性疾患・発がんの恐れの疑いがある 中枢神経系，腎臓，肝臓，副腎の障害が起こる	
ジクロロメタン（塩化メチレン）	甘い臭気をもつ無色の液体である [危険性]　発がんの恐れの疑いがある 強い眼刺激性がある．皮膚刺激性がある 飲み込むと有害である 蒸気を吸入すると，中枢神経系と呼吸器の障害を起こし，頭痛，眠気およびめまいの恐れがある	
テトラヒドロフラン	引火性が非常に高い液体であり，発生する蒸気も引火性が高い．ベンゼン様臭気をもつ無色の液体である．他の有機溶剤および水ともよく混ざる [危険性] 強い眼刺激性がある．皮膚刺激性がある 飲み込むと有害である 蒸気を吸入すると，神経系と呼吸器の障害を起こす恐れがある	
トルエン	引火性が非常に高い液体であり，発生する蒸気も引火性が高い．ベンゼン様臭気をもつ無色の液体である [危険性] 眼刺激性がある．強い皮膚刺激性がある 飲み込むと有害である 蒸気を吸入すると有害である．呼吸器を刺激し，頭痛，眠気およびめまい，中枢神経系の障害，生殖能または胎児への悪影響の恐れがある	
ブタノール	引火性の高い液体であり，発生する蒸気も引火性が高い．特異臭をもつ無色の液体である [危険性] 強い眼刺激性がある．皮膚刺激性がある 飲み込むと有害である 蒸気を吸入すると有害である．呼吸器を刺激し，頭痛，眠気およびめまいの恐れがある	
プロパノール	引火性が非常に高い液体であり，発生する蒸気も引火性が高い．エタノール様臭気をもつ無色の液体である [危険性]　発がんの恐れの疑いがある 強い眼刺激性がある．皮膚刺激性がある 飲み込むと有害である 蒸気を吸入すると有害である．呼吸器を刺激し，頭痛，眠気およびめまい，生殖能または胎児への悪影響の恐れの疑いがある	
ヘキサン	引火性が非常に高い液体であり，発生する蒸気も引火性が高い．無色の液体である [危険性] 強い眼刺激性がある．皮膚刺激性がある 蒸気を吸入すると有害である．呼吸器を刺激し，頭痛，眠気およびめまい，生殖能または胎児への悪影響の恐れの疑いがある	
メタノール	引火性が非常に高い液体であり，発生する蒸気も引火性が高い．刺激臭をもつ無色の液体である [危険性]　強い眼刺激性がある 飲み込むと有害である 蒸気を吸入すると有害である．呼吸器を刺激し，頭痛，眠気およびめまい，生殖能または胎児への悪影響，中枢神経系，視覚器，全身毒性の障害の恐れがある	

E. 無機化合物

薬 品	性質と危険性	マーク
亜硝酸カリウム	無色または微黄色の結晶である．潮解性がある．湿った空気によって，ゆっくりと硝酸塩に変わる [危険性] 可燃物との接触で発熱・発火が起こる 衝撃・摩擦で発熱・発火が起こる 飲み込んだり，皮膚に接触したり，吸入すると有毒である	
亜硝酸ナトリウム	無色または淡黄色の結晶である [危険性] 可燃物との接触で発熱・発火が起こる 衝撃・摩擦で発熱・発火が起こる 飲み込んだり，皮膚に接触したり，吸入すると有毒である	
アルミニウム	軟らかい銀白色の金属である．空気中では表面に酸化物の薄膜を生じ腐食に強くなる．特別な危険性はない	
塩化アルミニウム	無色の固体である．不純物があると黄色味がかる．潮解性がある [危険性] 飲み込むと有害である．皮膚刺激性がある	
塩化アンモニウム	無色の固体である [危険性] 強い眼刺激性がある．皮膚刺激性がある 飲み込むと有害である 生殖能または胎児への悪影響の恐れの疑いがある 吸入すると，呼吸器への刺激の恐れがある	
塩化ナトリウム（食塩）	無色の固体である．食用，医薬品などに用いられる 特別な危険性はない	
塩化鉄	$FeCl_2$ は無色または淡緑色の固体，$FeCl_3$ は暗赤色の固体である．潮解性がある [危険性] 強い眼刺激性がある．皮膚刺激性がある 水溶液は多くの金属類を腐食し，水素ガスを発生する 飲み込むと有害である	
過酸化水素	無色の液体である．市販濃度約30〜35％である．消毒などで使われるオキシドールは約3％の過酸化水素水である．冷暗所で保管する必要がある．常温でもゆっくりと分解し，酸素を発生する [危険性] 強酸化性であるため，金属や金属塩と接触すると，急激に分解反応を起こし，火災または爆発の恐れがある 皮膚や目に接触すると，重篤な皮膚の薬傷や重篤な目の損傷を負う 生殖能または胎児への悪影響の恐れの疑いがあり，中枢神経系の障害を負う恐れがある 蒸気を吸入すると，呼吸器の障害を負う 飲み込むと有害である	
過マンガン酸カリウム	金属光沢のある濃赤紫色の結晶である．加熱しすぎると分解し，酸素を発生する [危険性] 強酸化性であるため，濃硫酸を加えたり，可燃性ガスと接触すると，火災または爆発の恐れがある 皮膚や目に接触すると，重篤な皮膚の薬傷や重篤な目の損傷を負う 生殖能または胎児への悪影響の恐れの疑いがある 飲み込むと有害である	

付録　基礎化学実験でよく用いられる薬品の性質と危険性　　75

無機化合物（つづき）

薬　品	性質と危険性	マーク
さらし粉	塩化カルシウムと次亜塩素酸カルシウムとの複塩と水酸化カルシウムとの混合物である．漂白剤，殺菌剤，消毒剤として利用されている．直射日光で，ゆっくり分解し，酸素を発生する [危険性] 強酸化性であるため，加熱すると，急激に分解反応を起こし，火災または爆発の恐れがある 酸と混合すると塩素ガスを発生するため大変危険である	
酸化カルシウム	白色の固体である．乾燥剤や脱水剤として利用されている [危険性] 接触すると，重篤な皮膚の薬傷や重篤な目の損傷を負う 飲み込むと有害である．全身毒性，消化器の障害の恐れがある 粉塵を吸入すると，呼吸器系の障害が起こる	
次亜塩素酸ナトリウム	不安定であるため，水溶液として用いる．水溶液は強塩基性である．漂白剤として使用されることもある [危険性] 酸化性物質であるため，火災助長の恐れがある 加熱すると，急激に分解反応を起こし，火災または爆発の恐れがある 酸と混合すると塩素ガスを発生するため大変危険である 接触すると，重篤な皮膚の薬傷や重篤な目の損傷を負う 飲み込むと有害である 蒸気を吸入すると，呼吸器の障害の恐れがある	
硝酸カリウム	無色の固体である．硝石とよばれ，黒色火薬，花火の原料である．ごく微量で食品添加物（発色剤）として使われている [危険性] 酸化性物質であるため，火災助長の恐れがある 接触すると，重篤な皮膚の薬傷や重篤な目の損傷を負う 飲み込むと有害である 粉塵を吸入すると，呼吸器系の障害が起こる	
ス　ズ	展延性に富む金属である．多くの金属と合金をつくる [危険性] 粉塵を吸入すると，肺などの臓器の損傷を負う	
スチールウール	金属鉄をうすく箔状にし，細長くしたものである．ただし，化学薬品としては，鉄の純度が不明であるため，ほとんど用いられることはない．水の付着によって，容易に錆びる [危険性] 製品によっては，切断面が鋭利になっており，手を切ったり，刺さってしまうことがある	
炭酸カルシウム	貝殻などの主成分で白色固体である．食品添加物や入浴剤などにも使われており，特に危険性はない	
炭酸水素ナトリウム	別名を重曹やベーキングパウダーとよばれ，食品添加物の一種である．制酸剤として胃薬に用いられることもある．特に危険性はない	
チオ硫酸ナトリウム	無色透明な結晶である．銀塩写真で定着剤として利用されている [危険性] 酸化剤と反応して発熱する 無機酸と反応して有毒な亜硫酸ガス（二酸化硫黄）を発生する	

無機化合物（つづき）

薬　品	性質と危険性	マーク
二クロム酸カリウム	橙赤色の結晶である．酸化剤である．クロムめっきなどに利用される ［危険性］ 発がんの恐れがある 遺伝性疾患の恐れの疑いがある 接触すると，重篤な皮膚の薬傷や重篤な目の損傷を負う．アレルギー性皮膚反応を起こす恐れがある 粉塵を吸入すると，アレルギー，喘息または，呼吸困難を起こす恐れがある．呼吸器への刺激の恐れがあり，肝臓，腎臓が障害を受ける可能性がある 飲み込むと有害である	
二酸化マンガン	灰色または灰黒色の粉末である．酸化剤である ［危険性］ 粉塵を吸入すると，呼吸器系の障害が起こる	
沸騰石	突沸を防ぐために反応溶液に加える多孔質物質の総称である．素焼き粘土，小さな気泡を含んだガラスを用いることが多い ［危険性］ 一度使用した沸騰石は，機能を失うので，再利用しないようにする	
マグネシウム	銀白色の展性のある軟らかい金属である．熱すると，閃光を発して燃える 湿気があると発火しやすい．保管は，密閉容器に入れ，火気や湿気のない所に置くこと．酸類とも離して保存すること ［危険性］ 加熱すると分解して有害ヒュームを発生する．微粉末はきわめて着火しやすい 水や酸と反応して水素ガスを発生する 強酸化剤と激しく反応する	
ミョウバン	三価金属と一価金属の硫酸塩からなる複塩の総称である．低濃度で食品添加物として利用されている ［危険性］ 粉塵の吸入あるいは経口摂取した場合有害である 接触すると，目，皮膚，粘膜を刺激する	
ヨウ素	黒紫色の金属光沢のある結晶である．揮発性，特異臭をもっている ［危険性］ 強い眼刺激性がある．皮膚刺激性がある アレルギー性皮膚反応をひき起こす恐れがある 蒸気を吸入すると，呼吸器への刺激の恐れがある	
ヨウ素酸カリウム	無色の固体である．強い酸化剤であり，可燃物と混ぜて熱すると爆発する．金属粉と激しく反応する ［危険性］ 加熱すると分解し，酸化カリウムの非常に有毒なガスを発生する 眼刺激性がある．皮膚刺激性がある	
硫酸銅	無水物は白色，水和物は青色の固体である．無水物は，湿気で発熱する．水和物は風解性がある ［危険性］ 強い眼刺激性がある．皮膚刺激性がある 粉塵を吸入すると有毒である．呼吸器および中枢神経系の障害が起こる 飲み込むと有害である	

F. 有機化合物

薬品	性質と危険性	マーク
アニリン	蒸留精製したものは無色透明の液体である．空気で徐々に酸化されて不純物のために黄色味から黒味を帯びる．アミン臭をもつ [危険性]　発がんの恐れの疑いがある 可燃性液体である．70℃以上では引火や爆発の恐れがある 強い眼刺激性がある．皮膚刺激性がある 接触したり，蒸気を吸入したり，飲み込むと有害であり，生命に危険の恐れがある アレルギー性皮膚反応をひき起こす恐れがある 遺伝性疾患の恐れの疑いがある 生殖能または胎児への悪影響の恐れの疑いがある 神経系，呼吸器系，腎臓，肝臓，血液，心臓の障害が起こる	
グリセリン	脂肪族多価アルコール類の一つで，無色無臭の粘性のある液体である．化粧品の原料や医薬用として利用されている．毒性は低い [危険性] 加熱によって引火する恐れがある	
ジメチルアニリン	アンモニア様の強い臭気をもつ無色の気体である．液化ガスまたは水溶液で市販されている．水溶液は気密容器に入れて冷暗所に保管しなければいけない [危険性] 水溶液から発する蒸気は引火する恐れがある 強い眼刺激性がある．皮膚刺激性がある 蒸気を吸入すると，頭痛，眠気またはめまいの恐れがある 飲み込むと有害である．皮膚からも吸収されやすい 血液，神経系の障害が起こる	
ナフタレン	コールタール様の強い臭気をもつ白色結晶である．昇華しやすい [危険性]　発がんの恐れの疑いがある 可燃性固体である 強い眼刺激性がある．皮膚刺激性がある 飲み込むと有害である 血液の障害，目の障害の恐れがある	
ニトロベンゼン	淡黄色の液体である．甘みのある臭いをもつ [危険性]　発がんの恐れの疑いがある 可燃性液体である 眼刺激性がある．皮膚刺激性がある 接触したり，蒸気を吸入したり，飲み込むと有害である 生殖能または胎児への悪影響の恐れの疑いがある 神経系，腎臓，肝臓，血液，精巣の障害が起こる	
フェノールフタレイン	白または淡黄色の固体である．フタレイン染料の一種で，pH指示薬として利用されている [危険性]　飲み込むと有害である	
BTB液 (ブロモチモールブルー)	淡黄色または淡赤色の固体である．フタレイン染料の一種で，pH指示薬として利用されている [危険性]　飲み込むと有害である	
無水酢酸	無色の刺激臭をもつ液体である．酢酸の酸無水物であり，氷酢酸とは異なる．不純物の混入により，加水分解し発熱や突沸することがある [危険性]　引火性液体であり，蒸気も引火性である 接触により，重篤な皮膚の薬傷や重篤な目の損傷を負う 蒸気の吸入によって気道の炎症などの呼吸器の障害や歯の腐食が起こる 頭痛，眠気およびめまいの恐れがある 飲み込むと有毒である	
メチルオレンジ	橙黄色の固体である．pH指示薬として利用されている． [危険性]　飲み込むと有害である	

G. 危険度が高く特に注意が必要な薬品

薬 品	性質と危険性	マーク
アクリロニトリル	引火性が非常に高い刺激臭をもつ無色の液体である．強い毒性があり，不純物の混入で爆発する可能性もある．気密容器に入れ，遮光して冷所に保存する必要がある ［危険性］ 発がんの恐れの疑いがある 引火性の高い液体であり，発生する蒸気も引火性が高い 強い眼刺激性がある．皮膚刺激性がある 接触すると，重篤な皮膚の薬傷や重篤な目の損傷を負う．皮膚から吸収されやすい アレルギー性皮膚反応を起こす恐れがある 遺伝性疾患の恐れの疑いがある 生殖能または胎児への悪影響の恐れの疑いがある 蒸気を吸入すると，呼吸器への刺激，頭痛，眠気およびめまいの恐れがあり，生命の危険がある 神経系，肝臓の障害を負う	
一酸化炭素	無色無臭の可燃性気体である．可燃性炭素化合物が不完全燃焼するときに発生する ［危険性］ 空気中にごくわずか (10 ppm) に存在するときでも，吸入すると中毒を起こす．血液中のヘモグロビンに結合し，窒息状態になり，頭痛，吐き気，めまいが起こる．毒性がきわめて高い 空気との混合は，きわめて可燃性・引火性が高く，炎と接触すると爆発する 加圧ガスを熱すると爆発の恐れがある 生殖能または胎児への悪影響の恐れがある	
一酸化窒素	無色の気体である．濃度の濃い場合，空気に触れるとすぐに有毒な二酸化窒素になる ［危険性］ きわめて可燃性・引火性の高いガスである 加圧ガスを熱すると爆発の恐れがある 吸入すると有毒である．循環器，神経の障害が起こる 生殖能または胎児への悪影響の恐れがある	
カドミウム	青みを帯びた銀白色金属である．蒸気およびカドミウム塩は強い毒性をもっている ［危険性］ 発がんの恐れがある 粉塵を吸入すると，肺および呼吸器の障害が起こり，生命の危険がある 遺伝性疾患の恐れの疑いがある 生殖能または胎児への悪影響の恐れがある	
クレゾール	o-, m-, p- の三つの異性体がある．常温では無色の結晶または液体であり，フェノール様臭気をもっている ［危険性］ 可燃性液体 (m-体) である 接触すると，皮膚から吸収されて，重篤な皮膚の薬傷や重篤な目の損傷を負う 蒸気を吸入すると，頭痛，眠気およびめまいの恐れがある 血液系，呼吸器，心臓，肝臓，腎臓，中枢神経系の障害が起こる	

付録　基礎化学実験でよく用いられる薬品の性質と危険性　　　79

危険度が高く特に注意が必要な薬品（つづき）

薬　品	性質と危険性	マーク
シアン化カリウム	別名を青酸カリという．猛毒で，わずかな量で死に至る．無色の固体で，吸湿性，潮解性がある．酸および日光により分解する．保管は，必ず施錠し，使用量，保管量を計測して管理すること．酸や酸化剤と同じ場所に保管してはならない．廃棄は，アルカリ性条件下で，過剰の次亜塩素酸ナトリウムを少しずつ加えて，一晩以上反応させた後に，シアン検査薬でシアン化物が分解されたことを確認した後に廃棄すること [危険性] 毒性が強く，飲み込むと生命の危険がある 皮膚に接触すると生命の危険がある．特に，傷口や粘膜から吸入されやすい 粉塵を吸入すると生命の危険がある 呼吸停止やけいれんが起こる 中枢神経系の障害の恐れがある 酸性溶液に溶解すると，猛毒のシアン化水素ガス（青酸ガス）を発生する	☠ 🧪 🔒 PRTR
シアン化ナトリウム	白色粒状の固体である．猛毒で，わずかな量で死に至る．保管方法および廃棄方法は，シアン化カリウムと同じで注意を要する [危険性] 毒性が強く，飲み込むと生命の危険がある 皮膚に接触すると生命の危険がある．特に，傷口や粘膜から吸入されやすい 粉塵を吸入すると生命の危険がある 呼吸停止やけいれんが起こる 中枢神経系の障害の恐れがある 酸性溶液に溶解すると，猛毒のシアン化水素ガス（青酸ガス）を発生する	☠ 🧪 🔒 PRTR
ナトリウム	水と接触すると爆発的に反応 水と接触して水素を発生	🚫
鉛	遺伝性疾患の恐れの疑い 発がんの恐れの疑い 生殖能または胎児への悪影響の恐れ	PRTR
二酸化セレン	特異臭のある白色の固体である．揮発性，吸湿性，潮解性をもつ．酸化剤である．毒物専用の試薬庫に施錠して保管すること．使用量等を計測して管理すること [危険性] 蒸気を吸入すると呼吸器系の障害が起こる．頭痛やめまいの恐れがある 接触すると，重篤な皮膚の薬傷や重篤な目の損傷を負う	🔒 PRTR
二酸化窒素	赤褐色の気体である．環境汚物質として知られている [危険性] 酸化性物質であり，発火または火災助長の恐れがある 加圧ガスを熱すると爆発する恐れがある 吸入すると，肺の障害が起こり，生命の危険がある 強い眼刺激性がある．皮膚刺激性がある 生殖能または胎児への悪影響の恐れの疑いがある	🧪 🔒 ⚠
ニトログリセリン	無色透明の液体である．熱または衝撃によって容易に爆発する．血管拡張剤として医薬品でごく少量が用いられるが，同時に頭痛などの副作用も多い [危険性] 爆発物である．わずかな衝撃や熱によって爆発する危険がある 強い眼刺激性がある．皮膚刺激性がある アレルギー性皮膚反応を起こす恐れがある 生殖能または胎児への悪影響の恐れの疑いがある 飲み込むと有毒である 心血管系，血液の障害が起こる	✶ 🧪 PRTR

付録　基礎化学実験でよく用いられる薬品の性質と危険性

危険度が高く特に注意が必要な薬品（つづき）

薬　品	性質と危険性	マーク
ニンヒドリン	淡黄色の固体である．アミノ酸の検出や定量に用いられる ［危険性］ 強い眼刺激性がある．皮膚刺激性がある 飲み込むと有害である	
ネスラー試薬	ヨウ化カリウム，塩化水銀，水酸化カリウムの混合物である．淡黄色の液体である．アンモニアの検出，定量に用いられる．強いアルカリ性であるため，塩基と同様の取り扱いが必要である．水銀イオンを含んでいるため，使用および廃棄は，塩化水銀と同様の注意が必要である ［危険性］ 飲み込むと生命の危険がある 皮膚や目に接触すると，重篤な皮膚の薬傷や重篤な目の損傷を負う	
ヒ　素	灰色の固体である．ヒ素およびヒ素化合物は，非常に毒性が高い．農薬や殺虫剤として使用されるが，残留すると中毒を起こす危険がある ［危険性］ 発がんの恐れがある 飲み込むと有害である．猛毒であり，急性および慢性中毒となる 生殖能または胎児への悪影響の恐れがある	
フェーリング液	硫酸銅溶液と酒石酸ナトリウムの水酸化ナトリウム溶液を混合したものである．糖の検出，定量で用いられる．強いアルカリ性であるため，塩基と同様の取り扱いが必要である．硫酸銅を含んでいるため，使用および廃棄と同様の注意が必要である ［危険性］ 皮膚や目に接触すると，重篤な皮膚の薬傷や重篤な目の損傷を負う 呼吸器・中枢神経系の障害が起こる 飲み込むと有害である	
フェノール	特異臭のある無色の結晶である．空気に触れると酸化されて褐色になる．湿気により液状になる ［危険性］ 皮膚や目に接触すると，重篤な皮膚の薬傷や重篤な目の損傷を負う 皮膚から吸収されやすい．加熱時は蒸気を吸入しないようにする 遺伝性疾患の恐れがある 生殖能または胎児への悪影響の恐れがある 呼吸器，心血管系，腎臓，神経系の障害が起こる 飲み込むと有害である	
ベンゼン	特異な臭気のある無色透明な液体である．揮発性である．蒸気は空気よりも比重が大きく，低所にたまり，空気と混ざることで爆発しやすい．引火性が非常に高い ［危険性］ 発がんの恐れがある 引火性液体である 強い眼刺激性がある．皮膚刺激性がある 皮膚から吸収されやすい 血液障害，肝臓障害が起こる 遺伝性疾患の恐れの疑いがある 生殖能または胎児への悪影響の恐れの疑いがある 蒸気を吸入すると，呼吸器の障害を起こす．頭痛，眠気またはめまいの恐れがある．呼吸困難のため昏睡状態になる 飲み込むと有害である	

付録　基礎化学実験でよく用いられる薬品の性質と危険性

危険度が高く特に注意が必要な薬品（つづき）

薬　品	性質と危険性	マーク
無機水銀	光沢のある銀白色の液体である．蒸発しやすい．湿気があると酸化される．気密容器に入れ，表面に水を張って保管する．廃棄は，他の物質と分別しなければいけない [危険性] 蒸気を吸入すると神経障害が起こる アレルギー性皮膚反応を起こす恐れがある 遺伝性疾患の恐れの疑いがある 生殖能または胎児への悪影響の恐れがある 呼吸器，腎臓，中枢神経系，歯肉，消火管，心血管系，肝臓の障害を起こす	
有機水銀	メチル水銀などのように，有機物が水銀と結合したものの総称である．無機水銀よりも，強い毒性がある．メチル水銀は脂溶性であり，脳などの体内に蓄積される [危険性] 蒸気や粉塵の吸入により，中枢神経系の障害を起こし，生命の危険がある 生殖能または胎児への悪影響の恐れの疑いがある 飲み込むと有毒である	
ヨードホルム	特異な臭気をもつ黄色の固体である．アルコールやアセトンの検出に用いられる [危険性] 強い眼刺激性がある 皮膚に接触すると有害である 粉塵を吸入すると有害である 眠気およびめまいの恐れがある 飲み込むと有害である	
六価クロム化合物	6価のクロムを含む化合物・イオンの総称である．酸化性が強く，毒性が強い [危険性] 発がんの恐れの疑いがある 気化しやすく，蒸気を吸入すると，アレルギー，ぜん息または呼吸困難を起こす恐れがある．呼吸器の障害，肝臓の障害，全身毒性の障害の恐れがある 眼刺激性がある アレルギー性皮膚反応をひき起こす恐れがある 遺伝性疾患の恐れの疑いがある 飲み込むと有害である	

実験室の "笑顔"

1. 実験を始める前に

- 実験を始める前に，"安全のためのチェックリスト"などで，考えられる危険を予測して十分な安全対策をとるようにしましょう．

2. 安全な服装

- 実験を安全に行うためには，それに適した服を着用しましょう．薬品や炎から実験者自身を守るために，白衣(もしくは作業着)を必ず着用しましょう．
- 白衣の下に着る服は，半袖シャツ，半ズボン，ミニスカートは避けるようにしましょう．
- 実験室での履物は，スニーカーなどのすべりにくく，転びにくいものにしましょう．
- 長い髪は，必ず束ねましょう．
- 保護メガネを着用するようにしましょう．
- コンタクトレンズは，実験室では使用しないでください．

3. 実験室での行動

- 実験室では同時に何人もの人が実験をしています．お互いの安全に気を配るようにしましょう．
- 持ち物は，決められた場所に置きましょう．
- 携帯電話は，実験中は電源を切って，かばんの中に入れておきましょう．
- 化粧は，必ず実験室以外で行ってください．
- 実験室に飲み物や食べ物を持ち込まないようにしましょう．

4. 実験器具の安全な取り扱い

- ガスバーナーを使うときは，決められた手順で行えば安全です．
- 穏やかに加熱する必要があるときは，ウォーターバス(湯浴)を使いましょう．

5. ガラス器具の取り扱い

- ガラス器具は，キズに注意しましょう．
- あらかじめ位置を決めてから，ガラス器具を固定しましょう．
- ガラス細工をするときは，やけどに注意しましょう．
- 熱いガラス器具は，素手でさわらないようにしましょう．

6. ガラス管の取り扱い

- ガラス管をゴム栓に差し込むときは，けがをしやすいので，注意しましょう．
- ガラス管をゴム栓から抜き取るときにも，同様の事故が起こるので，注意しましょう．

7. 温度計の取り扱い

- 温度計は，破損しやすい器具ですので，取り扱いに注意しましょう．

を壊さないために

8. ピペットの取り扱い

- ピペットの先端を液体薬品に入れて吸い上げるときは、口ではなく、ピペッターを使用しましょう。

9. 遠心分離器の取り扱い

- 遠心分離器は、バランスをとることが大事です。
- 遠心分離器は、ローターが止まるまで、ふたを開けないようにする。

10. 薬品の安全な取り扱い

- 薬品を安全に取り扱うには、皮膚や目に薬品がつかないようにすることです。そのためには、決められた方法があります。
- 適切な容器を使って、薬品を取り分けるようにしましょう。
- 薬品のラベルは、何度も確認しましょう。
- 薬品は、絶対に、実験台の上にこぼさないようにしましょう。
- 薬品を扱うときは、必ず、顔から離しましょう。
- 薬品を汚さないように、きれいであることを確認した薬さじや容器を使いましょう。
- 薬品ビンから出した薬品は、残っても、元の薬品ビンには戻さないようにしましょう。
- 有毒な揮発性物質は、必ず、ドラフトなどの局所排気装置内で扱うようにしましょう。

11. 実験が終わったら

- 実験後のかたづけも、気をつけましょう。
- 実験台の上は、きれいにふきましょう。
- 実験室を出る前に、よく手を洗いましょう。

12. 緊急用器具

- 実験室に備え付けられている緊急用器具について、知っておきましょう。
- 器具の破損、けが、火災など、どんな事故が起こった場合でも、まずは大声を出しましょう。
- 実験室でけがをしたときは、直ちに傷口を洗って、薬品を洗い流すようにしましょう。
- もしも薬品が目に入ったら、すぐに洗眼器で洗い流します。
- 少量の薬品が、腕や手指などの皮膚についたとき、直ちに水道水で洗い流しましょう。
- 大量の薬品を浴びてしまったとき、直ちに緊急用シャワーで洗い流さなければいけません。
- 引火しやすい揮発性液体薬品（有機溶媒）は、ガスバーナーで、直接加熱してはいけません。
- 火災が発生したときは、消火器が必要になります。
- さらに大きな火災のときは、あわてずに避難するようにします。
- 衣服に火がついたときは、転がって消します。

索引

あ行

アクリルアミド 28
アニリン 40
安全ガイドブック 1
安全のための
　チェックリスト 1, 3, 51
安全マニュアル 42, 49

引火性 69
飲食物 12, 55

ウォーターバス 16, 17, 58

MSDS（Material Safety
　　Data Sheet) 69
遠心分離器 30~32, 59, 60

応急手当 45
大声を出す 44
温度計 26, 27, 58

か行

火　災 20, 43, 44, 47, 48, 66
ガスバーナー 14~17, 47, 50, 54, 66
ガラス管 22~24, 57, 58
ガラス器具 18~21, 55~57
ガラス細工 20, 21, 57
還流装置 19

揮発性（物質） 36, 47, 54
救急箱 43
局所排気装置 34, 36
緊急用器具 42, 49, 64
緊急用シャワー 43, 46, 48, 50, 65
禁水性 69

クランプ 19, 21, 57

携帯電話 11~13, 54
化粧品 12, 54

高温乾燥器 20
コンタクトレンズ 7~9, 49, 52, 53, 65

さ行

作業着 4, 5
作業用トレー 35, 38, 60
酸化性 69

試験管 16, 17, 56
実験指導者 3, 19, 41, 44~51, 55, 56, 63~67
ジメチルホルムアルデヒド 37

潤滑剤 23, 58
消火器 43, 47, 48, 66
蒸留装置 19, 21

水酸化ナトリウム 37
スタンド 19, 21, 57

洗眼器 44, 45, 50, 65

た, な行

耐熱性 20, 21
耐燃性 4

点火用ライター 15
転　倒 6, 11

ドラフト 34, 36~38, 47, 50, 62, 66

濃硫酸 6, 37, 60

は, ま行

廃　液 39
白　衣 4, 5, 8, 40, 52
爆発性 69

非常ベル 48
避　難 48, 66

ピペッター　28, 29, 59
ピペット　28, 29, 37, 58, 59

フィンケナーバーナー　14
フラスコ　6, 37

防火用毛布　44, 49, 67
保護マスク　7
保護メガネ　6〜9, 28, 45, 49, 53, 65

メスシリンダー　38, 62

や, ら 行

薬さじ　36, 38, 62
薬　傷　5, 52, 61, 65
薬　品　4〜6, 9, 12, 33〜41, 43〜46, 48〜56, 58〜67, 69

やけど　20, 21, 43, 50, 66, 67, 69

有毒ガス　34, 36, 37, 38, 62

ラベル　34, 37, 38, 60, 62, 63

リービッヒ冷却管　24
流水で傷口を洗う　45

やま ぐち かず や
山 口 和 也
1963年 大阪に生まれる
1992年 京都大学大学院工学研究科博士課程 修了
現 大阪大学全学教育推進機構 教授
専攻 生物無機化学
衛生工学衛生管理者, 有機溶剤作業主任者,
　特定化学物質作業主任者,
　酸素欠乏・硫化水素危険作業主任者
工 学 博 士

やま もと ひとし
山 本 仁
1962年 大阪に生まれる
1990年 大阪大学大学院理学研究科博士課程 修了
現 大阪大学安全衛生管理部 教授
専攻 高分子科学
衛生工学衛生管理者, 甲種危険物取扱者,
　高圧ガス製造保安責任者（乙種化学）,
　第二種酸素欠乏危険作業主任者
理 学 博 士

第1版 第1刷 2007年11月 8 日 発行
第8刷 2023年10月11日 発行

基礎化学実験安全オリエンテーション
（DVD 付）

© 2 0 0 7

著　者　　山　口　和　也
　　　　　山　本　　　仁

発行者　　石　田　勝　彦

発　行　株式会社 東京化学同人
東京都文京区千石 3-36-7（〒112-0011）
電話 03(3946)5311・FAX 03(3946)5317
URL : https://www.tkd-pbl.com/

印　刷　大日本印刷株式会社
製　本　株式会社松岳社

ISBN 978-4-8079-0666-6
Printed in Japan
無断転載および複製物（コピー, 電子データなど）
の無断配布, 配信を禁じます. 本書添付 DVD の
図書館での利用は, 館内での閲覧に限ります.

学生のための
化学実験安全ガイド

徂徠道夫・山本景祚・山成数明・齋藤一弥
山本　仁・高橋成人・鈴木孝義　著

A5判　160ページ　定価1540円(本体1400円+税)

長年の実務経験から編み出された安全ガイド．チェックシートで危険予知，安全対策ができる．

主要目次：はじめに／実験を始める前に／危険な化学物質／実験装置と実験操作／廃棄物処理／緊急対処法／実験室の安全管理／防災設備と安全対策／薬品管理／付録(おもな化合物の性質と法規制／発がん物質／消防法に基づく危険物／放射線量と障害)

バイオ系実験
安全オリエンテーション
DVD付

片倉啓雄・山本　仁　著

A5判　94ページ　定価2640円(本体2400円+税)

バイオ系の実験を安全に行うための基礎知識習得を目的とし，安全に実験を行うための基本的な考え方を解説．添付のDVDで，さまざまな事故や実験操作の実際の映像が視聴でき，より理解が深まる．

主要目次：安全に実験をするための考え方と基礎知識／ガラス器具／クリーンベンチ／オートクレーブ／電子レンジ／ウォーターバス・インキュベーター／電源の取り方／遠心分離機／え！それって危ないの？／特に注意を要する試薬／演習・確認問題の解答と解説

2023年10月現在(定価は10％税込)